高职高专规划教材

建筑材料及工程应用

魏国安　陈丙义　主编
梅　杨　主审

中国建筑工业出版社

图书在版编目（CIP）数据

建筑材料及工程应用/魏国安，陈丙义主编. —北京：中国建
筑工业出版社，2018.4
高职高专规划教材
ISBN 978-7-112-22014-4

Ⅰ.①建…　Ⅱ.①魏…　②陈…　Ⅲ.①建筑材料-高等职业教育
-教材　Ⅳ.①TU5

中国版本图书馆 CIP 数据核字（2018）第 060675 号

本书主要内容包括：建筑材料基础知识；常用建筑结构材料的性能及应用；常用建筑装饰装修材料的性能及应用；常用建筑功能材料的性能及应用。采用"互联网＋"教材形式，图文并茂，突出了以培养职业能力为核心的高职特色。

本书内容系统，与建筑结构技术、建筑构造技术、建筑施工技术和质量验收互为整体，前后呼应，实用性强，可作为高职高专院校以及应用型本科院校工程造价专业、工程管理专业、建筑工程技术专业、工程监理专业等土建类相关专业的建筑材料课程教材，也可供工程技术人员、工程造价人员以及相关专业大中专院校的师生学习参考。

责任编辑：李笑然　杨　允
责任校对：姜小莲

高职高专规划教材

建筑材料及工程应用

魏国安　陈丙义　主编

梅　杨　主审

*

中国建筑工业出版社出版、发行（北京海淀三里河路 9 号）

各地新华书店、建筑书店经销

北京红光制版公司制版

北京富生印刷厂印刷

*

开本：787×1092毫米　1/16　印张：12¼　字数：295千字
2018 年 6 月第一版　　2020 年 8 月第三次印刷
定价：**28.00**元
ISBN 978-7-112-22014-4
（31919）

编 写 委 员 会

主　编：魏国安　陈丙义

副主编：吕世尊　贾广征　闫瑞君

参　编：杨　飞　张　燕　齐丽君　程志华　李华伟

　　　　闫利辉　莫　黎　林泽昕　郭凯歌

主　审：梅　杨

3

前　言

建筑材料技术作为建筑工程四大技术之一，在工程技术类和工程管理类专业课程教学体系中具有举足轻重的作用。随着信息化教学手段的普及和新材料、新技术、新工艺、新方法的日新月异，以及当前全国多个省市已陆续出台住宅全装修（结构材料、装饰装修材料和功能材料的一体化）交付政策的大背景下，各兄弟院校深感"建筑材料及工程应用"教材建设的必要性和紧迫性。所以我们遴选了具有丰富教学经验和实践经验的双师型教师深入企业一线，置身实际工程，用心去感悟建筑材料的应用和内涵，与企业中经验丰富的工程师反复探讨、仔细斟酌，组织编写了这本教材，仅作为抛砖引玉。本书具有以下特点：

一、遵循"以基本理论和标准规范为基础，以工程实践内容为主导"的指导思想，坚持"与高职教育人才培养目标相结合，与现行法律法规、规范标准相结合，与当前先进的新材料、新技术、新工艺、新方法相结合，与用人企业的实际需求相结合"的原则，力求在标准规范的基础上，从工程项目实践出发，重点培养学生解决实际问题的能力。

二、精简陈述性知识，以"必需、够用"原则选取，删繁就简，简单实用。教材知识零距离对接工作岗位，使学生学习针对性更强，少走弯路。

三、"互联网＋"教材形式，扫描二维码观看各类材料重要的试验视频，每种材料以彩图形式精致排列，图文并茂，使图书脉络更加清晰，观感更加清新。

本书由河南建筑职业技术学院魏国安、陈丙义任主编，河南建筑职业技术学院吕世尊、贾广征、闫瑞君任副主编。魏国安、陈丙义负责全书统稿、定稿工作。参加本书编写工作的还有河南建筑职业技术学院杨飞、张燕、齐丽君、程志华、李华伟、闫利辉、莫黎、林泽昕、郭凯歌。本书编写工作的具体分工如下：魏国安（第2.3、2.4、2.5、2.6节）、陈丙义（第2.1、2.2节）、吕世尊（第1.7、1.8、4.1节）、贾广征（第1.4、1.5、1.6节）、闫瑞君（第3.3、3.4节）、杨飞（第3.1、3.2节）、张燕（第4.3节）、齐丽君（第3.5节）、程志华（第4.2节）、李华伟（第3.6节）、闫利辉（第1.3节）、莫黎（第3.7节）、林泽昕（第1.2节）、郭凯歌（第1.1节）。

特别感谢河南建筑职业技术学院梅杨副院长！梅杨副院长主审了全书，提出了许多宝贵意见，并在本书的选题和写作过程中给予极大地指导和帮助。本书的出版得到了河南建筑职业技术学院管理系王辉主任的大力支持，在此表示衷心的感谢！在编写过程中，我们借鉴和参考了有关书籍、工程案例和相关高职院校的教学资源，谨此一并致谢。

本书可作为高职高专院校以及应用型本科院校工程造价专业、工程管理专业、建筑工程技术专业、工程监理专业等土建类相关专业的建筑材料课程教材，也可供工程技术人员、工程造价人员以及相关专业大中专院校的师生学习参考。

限于编者水平和经验，书中不妥之处在所难免。嘤其鸣矣，求其友声，我们诚恳地希望广大读者和同行专家批评指正。

编者

2018 年 2 月

目　　录

第1章　建筑材料基础知识

1.1　建筑材料的概念与分类

建筑材料是指在建筑工程中使用的各种材料及其制品的总称。建筑材料种类繁多，通常按材料的化学成分和使用功能分类。

1.1.1　按化学成分分类

建筑材料按化学成分可分为无机材料、有机材料和复合材料三大类，每一类又可细分为若干小类，详见表1-1。

建筑材料按化学成分分类表　　　　　　　　　　　　　　　表 1-1

分　类			示　例
无机材料	金属材料	黑色金属	碳素钢、合金钢
		有色金属	铝合金
	非金属材料	天然石材	花岗石、大理石
		无机人造石材	混凝土
		气硬性胶凝材料	石灰、石膏
		水硬性胶凝材料	水泥
		烧土及熔融制品	烧结砖、陶瓷、玻璃
有机材料	植物材料		木材、竹材、植物纤维及其制品
	沥青材料		改性沥青及其制品
	高分子材料		塑料、有机涂料、胶粘剂、橡胶
复合材料	金属—无机非金属复合		钢筋混凝土（如图1-1所示）、型钢混凝土（如图1-2所示）
	无机非金属—有机复合		沥青混凝土、玻璃纤维增强塑料
	有机—有机复合		橡胶改性沥青、树脂改性沥青
	有机—金属复合		铝塑板、塑钢门窗、轻质金属夹芯板
	非金属—非金属复合		玻璃纤维增强水泥、玻璃纤维增强石膏

复合材料是由两种或两种以上不同性质的材料经适当组合成为一体的材料。复合材料不仅可以克服单一材料的弱点，而且可以发挥其综合的复合特性。复合化已成为当今材料科学发展的趋势之一。

图 1-1　钢筋混凝土复合材料　　　　图 1-2　型钢混凝土复合材料

1.1.2　按使用功能分类

建筑材料按使用功能可分为结构材料、装饰装修材料及功能材料三大类。

结构材料主要指构成建筑物受力构件和结构所用的材料，如梁、板、柱、基础等构件所用的材料。其主要技术性能要求是强度和耐久性，常用的有钢材、水泥、混凝土、砖、砌块、砂浆等。

装饰装修材料是装饰装修各类建筑物或构筑物以提高其使用功能和美观，保护主体结构在各种环境因素下的稳定性和耐久性，增加其适用性和美观性的建筑材料及其制品。常用的有饰面石材、建筑陶瓷、木材及木制品、建筑玻璃、建筑塑料、建筑涂料等。

功能材料主要指以材料力学性能以外的功能为特征的非承重材料，赋予建筑物防水、绝热、防火、防腐、吸声隔声等功能。功能材料的选择与使用是否合理，往往决定了工程使用的可靠性、适用性及耐久性等。

习　　题

一、单项选择题（每题的备选项中，只有1个最符合题意）

1. 铝塑板、塑钢门窗均属于（　　）。

A. 无机金属材料　　　　　　　　　B. 有机材料

C. 复合材料　　　　　　　　　　　D. 结构材料

2. 下述有关建筑材料论述错误的是（　　）。

A. 建筑物的梁、板、柱、基础等所用材料属于结构材料

B. 常用的装饰装修材料有饰面石材、建筑陶瓷、木材及木制品、建筑玻璃、建筑塑料、建筑涂料等

C. 钢筋混凝土属于无机材料

D. 具有防水、绝热、防火、防腐、吸声隔声等功能的材料属于功能材料

二、多项选择题（每题的备选项中，有2个或2个以上符合题意，至少有1个错项）

1. 建筑材料按化学成分可分为（　　）

A. 无机材料 B. 有机材料

C. 单一材料 D. 复合材料

E. 化学材料

1.2 建筑材料的地位与作用

建筑是凝固的诗，有"人类文明史册"之称。建筑和建筑材料反映了一个时代的文明、艺术和科技发展水平。纵观建筑历史的长河，建筑材料的日新月异无疑对建筑科学的发展起到了巨大的推动作用，具体体现在以下几个方面：

（1）建筑材料是建筑的物质基础和灵魂

建筑材料既是建筑的物质基础，又是建筑的灵魂，即使有再开阔的思路、再玄妙的设计，建筑也总是必须通过材料这个载体来实现。陕西黄帝陵轩辕殿（如图1-3所示）为黄帝陵标志性建筑。石材的运用是轩辕殿工程的一大特点，整个工程用石材8万余方，总重量达10万吨之多；36根石柱高4m，直径1.2m，系中空的整根花岗石柱；大院南轴线上的石路采用3m×2.4m的巨型花岗石板铺成，石材规格长度最大的达到6m。所有石材构件不加任何雕饰，而是通过表面处理的对比变化，直至重点部位自然面的运用，以取得艺术效果。石材尺度和肌理的处理，使轩辕殿更加古朴、沉稳、大气磅礴。

图1-3 黄帝陵轩辕殿

一个优秀的建筑产品就是建筑艺术、建筑技术和建筑材料的合理组合。没有建筑材料作为物质基础，就不会有建筑产品，而工程的质量优劣与所用材料的质量水平及使用的合理与否有直接的关系，如果不考虑施工质量的影响，则材料的品种、组成、构造、规格及使用方法都会对建筑工程的结构安全性、坚固耐久性及适用性产生直接的影响。郑州某安置房小区8栋楼（如图1-4所示）使用的墙材用砖存在严重的质量缺陷，墙体承重墙和非承重墙所用的砖大部分表面已严重风化、起皮，用手一摸，就大面积地脱落，在施工现场找到还未使用的坏砖，轻轻丢到地上就成为碎块，用脚一踩，变成碎末。用这样的"脆脆砖"建成的房屋在气愤的业主们看来不是家园，而是坟墓。

图1-4 "脆脆砖"安置房项目

为确保建筑工程的质量，必须从材料的生产、选择、进场验收、使用和检验评定以及材料的贮存、保管等各个环节确保材料的质量，否则将会造成工程的质量缺陷，甚至导致重大质量事故。

（2）建筑材料的发展赋予了建筑时代的特征和风格

中国古代以木构架为代表的宫廷建筑——秦、汉、唐三朝宫城（如图1-5所示），西方古典建筑石材廊柱——巴黎圣母院（如图1-6所示），当代以钢筋混凝土和型钢为主体材料的超高层建筑——上海中心（如图1-7所示），都呈现了鲜明的时代特征。

图1-5 秦汉唐三朝宫城

图1-6 巴黎圣母院　　　　　　　　　　图1-7 上海中心

（3）材料费在建筑工程总造价中占较大的比重

在一般的建筑工程总造价中，与材料直接相关的费用占到 50％ 以上，材料的选择、使用与管理是否合理，对工程成本影响甚大。在工程建设中可选择的材料品种很多，而不同的材料由于其原料、生产工艺、所处地域等因素的不同，导致材料价格有较大的差异；材料在使用与管理环节的合理与否也会导致材料用量的变化，从而使材料费用发生变化。因此，正确地选择和合理地使用材料，可以有效降低建筑工程总造价。

（4）建筑材料对工程技术的影响

建筑材料的品种、性能和质量，在很大程度上决定着房屋建筑的坚固、适用和美观，又在很大程度上影响着结构形式和施工速度。一种新材料的出现往往促使建筑结构形式的变化、施工技术的进步，而新的结构形式和施工技术往往要求提供新的更优良的建筑材料。钢筋和混凝土的出现，使得钢筋混凝土结构形式取代了传统的砖木结构形式，成为现代建筑工程的主要结构形式；轻质高强结构材料的出现，使大跨度的桥梁和工业厂房得以实现；混凝土外加剂的出现，使混凝土科学及以混凝土为基础的结构设计和施工技术有了快速发展；混凝土高效减水剂的问世与使用，使混凝土强度等级由 C25 左右迅速提高到 C60～C80，甚至 C100 以上。混凝土的高强度化，促进了结构设计的进步，使建筑的高度由五六层猛增到五六十层，甚至于更高。同时，高效减水剂的推广应用，可使混凝土流动性大大提高，以此为基础发展起来的喷射混凝土、泵送混凝土，近年来在隧道工程和建筑工程施工中发挥着愈来愈大的作用，带动了施工技术的革新。因此，没有建筑材料的发展，也就没有建筑技术的飞速发展。建筑工程材料及其生产技术的迅速发展，对于工程技术的进步具有重要的推动作用。

（5）建筑材料对可持续发展的影响

建筑业耗能很大，据统计，建筑物在其建造、使用过程中的能耗约占全球能源消耗的 50％，产生的污染物约占污染物总量的 34％。随着我国可持续发展战略的提出，保护环境、治理污染，成为当务之急。只有首先解决建筑领域中的可持续发展问题，我国才能真正走上可持续发展之路。实现建筑业的可持续发展，是建筑业面临的新挑战，也对建筑材料提出了更多和更高的要求。

1.3 建筑材料的发展概况和发展方向

1.3.1 建筑材料的发展概况

建筑材料是随着人类社会生产力和科学技术水平的提高而逐步发展的。

原始社会时期，人类最早是居住在天然的山洞或巢穴中，进入石器时代后逐步采用黏土、岩石、木材等天然材料建造"房屋"（挖土凿石为洞，伐木搭竹为棚），用以居住。约 18000 年前的北京周口店山顶洞人，就居住在天然岩洞中（如图 1-8 所示）；6000 年前的西安半坡遗址（如图 1-9 所示），采用木骨泥墙建房，并发现有制陶窑场；战国时期，筒瓦、板瓦广泛使用，并出现了大块空心砖和墙壁装修用砖。

随着社会生产力的发展，人类开始利用天然材料进行简单的加工，砖、瓦等人造建筑材料相继出现，使人类第一次冲破天然材料的束缚，开始大量修建房屋和防御工程等，从而使土木工程出现第一次飞跃。砖、木、石材作为主要结构材料沿用了很长的历史时期。

图 1-8　山顶洞　　　　　　　　　　图 1-9　西安半坡遗址

在此期间我国劳动人民以非凡的才智和高超的技艺建造出了许多不朽的辉煌建筑，如万里长城（如图 1-10 所示）、开封古城墙（如图 1-11 所示）、河南嵩岳寺塔（如图 1-12 所示）、山西应县木塔（如图 1-13 所示）、河北赵州安济桥（如图 1-14 所示）、山西五台山佛光寺木结构大殿（如图 1-15 所示）、北京四合院（如图 1-16 所示）、西安大雁塔（如图 1-17 所示）、乔家大院（如图 1-18 所示）、西藏布达拉宫（如图 1-19 所示）等。

图 1-10　长城　　　　　　　　　　图 1-11　开封古城墙

图 1-12　河南嵩岳寺塔　　　　　　图 1-13　山西应县木塔

图 1-14　河北赵州安济桥

图 1-15　山西五台山佛光寺木结构大殿

图 1-16　北京四合院

图 1-17　西安大雁塔

图 1-18　乔家大院

图 1-19　西藏布达拉宫

　　公元前 2 世纪，在欧洲已有采用天然火山灰、石灰、碎石拌制天然混凝土用于建筑。19 世纪 20 年代，英国人发明了波特兰水泥。不久，出现了混凝土材料。

　　19 世纪中叶，出现了延性好、抗压和抗拉强度高、质量均匀的建筑钢材，并很快与混凝土复合制成钢筋混凝土结构；1850 年法国人制造了第一只钢筋混凝土小船；1872 年在纽约出现了第一所钢筋混凝土房屋。水泥和钢材这两种材料的问世，为后来建造高层建筑和大跨度桥梁提供了物质基础。钢结构得到迅速发展，结构物的跨度和高度从砖、石结构的几十米发展到百米、几百米。如重庆朝天门长江大桥（如图 1-20 所示）、国家体育场（又称"鸟巢"，如图 1-21 所示）等。随着设计理论和施工技术的进一步完善，土木工程实现了第二次飞跃。

　　20 世纪 30 年代，又出现了预应力混凝土材料，使土木工程再次出现了新的、经济美观的结构形式，其结构设计理论和施工技术也得到了蓬勃发展，这是土木工程的又一次飞跃发展。

图1-20　重庆朝天门长江大桥　　　　　图1-21　国家体育场

中华人民共和国成立前，我国建筑材料工业发展缓慢，19世纪60年代在上海、汉阳等地建成炼铁厂，1867年建成上海砖瓦锯木厂，1882年建成中国玻璃厂，1890年建成我国第一家水泥工厂——唐山水泥厂。

中华人民共和国成立后，为适应大规模经济建设的需要，我国的建材工业得到了长足而迅速的发展，成为建材生产大国。

改革开放以来，我国建设了一批具有世界先进水平的骨干企业。大量性能优异、质量优良的功能材料，如绝热、吸声、防水等材料应运而生。近年来，随着人们生活水平的不断提高，新型建筑装饰材料更是层出不穷，日新月异。但是，与世界发达国家相比，我国建材工业总体水平还比较落后，突出表现为"一高五低"："一高"是能源消耗高；"五低"一是劳动生产率低，二是生产集中度低，三是科技含量低，四是市场应变能力低，五是经济效益低。社会的进步、环境保护和节能降耗及建筑业的发展对建筑材料提出了更高、更多的要求。

1.3.2　建筑材料的发展方向

随着建筑材料生产和应用的发展，建筑材料已成为一门独立的新学科。为了适应我国经济建设发展的需要，建筑材料也需有一系列的变化。在今后一段时期内，建筑材料的主要发展方向为：

（1）高性能材料。将研制轻质、高强、高耐久性、高耐火性、高抗震性、高保温性、高吸声性、优异装饰性和优异防水性的材料。这对提高建筑物的安全性、适用性、艺术性、经济性及使用寿命等有着非常重要的作用。如纤维水泥板（如图1-22所示）。

（2）复合化、多功能化。利用复合技术生产多功能材料、特殊性能材料以及高性能材料，如医院用的抗菌防霉涂料（如图1-23所示）。这对提高建筑物的使用功能、经济性及

图1-22　纤维水泥板　　　　　图1-23　抗菌防霉涂料

加快施工速度等有着十分重要的作用。同时，随着生活水平的提高，人们对建筑材料的保温、隔声、防水、防辐射等多种性能越来越注重。在可能的情况下，人们总是以满足各种不同功能性需求的材料作为首选，这也是建筑材料未来发展的一个方向。

（3）发展绿色建筑材料。随着人类物质和精神文明的发展，人们把我们赖以生存的环境条件看得越来越重要，环境保护已成为可持续发展必须首先解决的问题。建筑材料作为人类物质文明标志产品的原料，也将在今后发展中更加注重其对环境的影响。绿色建筑材料是指采用清洁生产技术，不用或少用天然资源和能源，大量使用工农业或城市固态废物生产的无毒害、无污染、无放射性，达到使用周期后可回收利用，有利于环境保护和人体健康的建筑材料。

（4）研制节能材料。建筑物的节能是世界各国建筑技术、材料学等研究的重点和方向，我国已经制定了相应的建筑节能设计标准，并对建筑物的能耗做出了相应的规定。研制和生产低能耗（低生产能耗和低建筑使用能耗）新型节能建筑材料，对降低建筑材料和建筑物的成本、降低建筑物的使用能耗以及节约能源都将起到十分重要的作用。

（5）智能化材料。所谓智能化材料是指材料本身具有自我诊断和预告破坏、自我修复和自我调节的功能，以及可重复利用的一类材料。这类材料在使用过程中，能够将其内部发生的某些异常情况及时地向人们反映出来，如位移、开裂、变形等，以便在破坏前使人们能采取有效的措施。同时智能化建筑材料还能够根据内部的承载力及外部作用情况进行自我调整。例如智能调光玻璃（如图1-24所示），可根据外部光线的强弱调整透光量，以满足室内采光和人们健康的要求等。

图1-24　智能调光玻璃

1.4　建筑材料的物理性质

学习建筑材料的主要目的就是根据工程实际要求，能够正确、合理地选择和使用建筑材料。然而，达到这一目的就必须掌握建筑材料的各种性质，特别是基本性质。建筑材料的基本性质包括物理性质、力学性质和耐久性。本节主要学习建筑材料的物理性质。

1.4.1　材料与质量有关的性质

1. 材料的密度

材料的密度是指材料在特定的体积状态下，单位体积的质量。按照材料体积状态的不同，可分为绝对密度、体积密度、表观密度和堆积密度。

（1）绝对密度

绝对密度是指材料在绝对密实状态下，单位体积的质量。一般简称密度，按下式计算：

$$\rho = \frac{m}{V} \tag{1-1}$$

式中：ρ——材料的密度，g/cm^3 或 kg/m^3；

$\quad m$——材料的质量，g 或 kg；

$\quad V$——材料在绝对密实状态下的体积，cm^3 或 m^3。

绝对密实状态下的体积是指不包括孔隙在内的体积。除了花岗岩、玻璃等少数较密实材料外，绝大多数材料都有一定数量的孔隙。在测定有孔隙材料的密度时，一般要把材料磨细成粉，干燥后，用李氏瓶测定其体积。石材、砌墙砖等材料即用此法测得。

（2）体积密度

体积密度是指材料在自然状态下，单位体积的质量。按下式计算：

$$\rho_0 = \frac{m}{V_0} \tag{1-2}$$

式中：ρ_0——体积密度，g/cm^3 或 kg/m^3；

$\quad m$——材料的质量，g 或 kg；

$\quad V_0$——材料在自然状态下的体积，cm^3 或 m^3。

自然状态下的体积是指材料含闭口孔隙和开口空隙的体积。通常材料孔隙中含有一定量的水分，故测定体积密度时，须注明其含水量。如果不做说明，一般是指材料在气干（长期在空气中干燥）状态下的体积密度。对于形状规则的材料，可直接量测其体积密度；而对形状不规则且不溶于水的颗粒材料，可采用排水法测定。

（3）表观密度（视密度）

表观密度是指材料在包含闭口孔隙条件下单位体积的质量。按下式计算：

$$\rho' = \frac{m}{V'} \tag{1-3}$$

式中：ρ'——表观密度，g/cm^3 或 kg/m^3；

$\quad m$——材料的质量，g 或 kg；

$\quad V'$——材料的表观体积，cm^3 或 m^3。

（4）堆积密度

堆积密度是指散粒状材料（如粉状、粒状或纤维状等）在堆积状态下，单位体积的质量。按下式计算：

$$\rho_0' = \frac{m}{V_0'} \tag{1-4}$$

式中：ρ_0'——堆积密度，g/cm^3 或 kg/m^3；

$\quad m$——材料的质量，g 或 kg；

$\quad V_0'$——材料在堆积状态下的体积，cm^3 或 m^3。

堆积状态下的体积是指包括材料固体部分、孔隙部分和空隙部分的体积。测定时是指所用容器的容积，而质量是指填充在一定容器内的材料的质量。当材料含有水分时，将会影响堆积密度的测定结果，故必须说明材料的含水状况。如果没有注明，则是指气干状态下的堆积密度。

2. 密实度

密实度是指材料体积内被固体物质所充实的程度，在数值上等于固体物质的体积占其自然状态体积的百分率。它可以评定材料的密实程度，以 D 表示。按下式计算：

$$D = \frac{V}{V_0} \times 100\% = \frac{\rho_0}{\rho} \times 100\% \tag{1-5}$$

3. 孔隙率

孔隙率是指材料体积内，孔隙体积所占的比率，在数值上等于材料孔隙的体积与其自然状态体积的比率。它也是评定材料密实性能的指标，以 P 表示，按下式计算：

$$P = \frac{V_0 - V}{V_0} \times 100\% = \left(1 - \frac{\rho_0}{\rho}\right) \times 100\% \tag{1-6}$$

孔隙率与密实度的关系为：

$$P + D = 1 \tag{1-7}$$

材料内部孔隙按构造特征不同，又可分为开口孔隙和闭口孔隙两种，开口孔隙是指不但彼此相连而且与外界也连通的孔隙，闭口孔隙则是指不仅彼此不连通而且与外界也不连通的孔隙。孔隙构造特征是指孔隙的形状和大小。孔隙按尺寸不同又分为微孔、细孔和大孔等孔隙。孔隙的孔隙率、构造和尺寸大小对材料的许多性质都有较大影响。

4. 填充率

填充率是指散粒状材料在特定的堆积状态下，被其固体颗粒填充的程度，以 D' 表示。按下式计算：

$$D' = \frac{V_0}{V'_0} \times 100\% = \frac{\rho'_0}{\rho_0} \times 100\% \tag{1-8}$$

5. 空隙率

空隙率是指散粒状材料在特定的堆积体积中，颗粒之间的空隙体积所占的比率，以 P' 表示。按下式计算：

$$P' = \left(1 - \frac{V_0}{V'_0}\right) \times 100\% = \left(1 - \frac{\rho'_0}{\rho_0}\right) \times 100\% \tag{1-9}$$

空隙率与填充率的关系是：

$$P' + D' = 1 \tag{1-10}$$

填充率和空隙率，均可以作为评定散粒状材料颗粒之间相互填充的密实程度的技术指标。空隙率还可以作为控制混凝土集料级配与计算砂率的依据。

1.4.2 材料与水有关的性质

1. 亲水性和憎水性

材料在空气中与水接触时，根据其与水接触的特性，可将材料分为亲水性和憎水性两大类。

材料被水润湿的程度可用润湿角来表示。润湿角是指在材料、水和空气三相交界处，沿水滴表面作一切线，该切线与水和材料接触面之间的夹角，用 θ 表示。润湿角越小，则该材料能被水所润湿的程度越高。一般认为，润湿角 $\theta \leqslant 90°$ 的材料为亲水性材料，如图 1-25(a) 所示；而 $\theta > 90°$，表明该材料不能被水润湿，称为憎水性材料，如图 1-25(b) 所示。

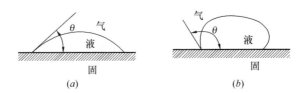

图 1-25　材料的湿润示意图
(a) 亲水性材料；(b) 憎水性材料

大多数建筑材料，如砖、加气混凝土砌块、木材等都属于亲水性材料，表面均能被水润湿，且能通过毛细管作用将水吸入材料的毛细孔隙内。沥青、油漆等属于憎水性材料，表面不能被水润湿，该类材料一般能阻止水分渗入毛细孔隙，因而能降低材料的吸水性。憎水性材料不仅可用作防水材料，而且还可用于亲水性材料的表面处理，以降低其吸水性。

2. 吸水性

材料在浸水状态下，吸收水分的性能称为吸水性。吸水性能的大小，一般用吸水率表示。吸水率有质量吸水率和体积吸水率之分。

质量吸水率是指材料吸水饱和时，所吸收水分的质量占材料干燥时质量的百分率，按下式计算：

$$W_{质} = \frac{m_1 - m_2}{m_2} \times 100\% \tag{1-11}$$

式中：$W_{质}$——材料的质量吸水率，%；

m_1——材料吸水饱和后的质量，g；

m_2——材料烘干至恒重的质量，g。

体积吸水率是指材料吸水饱和时，所吸收水分的体积占干燥材料自然体积的百分率，按下式计算：

$$W_{体} = \frac{V_1}{V_0} \times 100\% = \frac{m_1 - m_2}{m_2} \times \frac{\rho_0}{\rho_w} 100\% \tag{1-12}$$

式中：$W_{体}$——材料的体积吸水率，%；

V_1——材料在吸水饱和时，吸收水的体积，cm³；

V_0——干燥材料在自然状态下的体积，cm³；

ρ_0——材料在干燥状态下的表观密度，g/cm³；

ρ_w——水的密度，g/cm³，在常温下 $\rho_w = 1.00$g/cm³。

质量吸水率与体积吸水率存在如下关系：

$$W_{质} = W_{体} \times \rho_0 \tag{1-13}$$

材料的吸水性能，不仅取决于材料本身是否具有亲水性还是具有憎水性，还与其孔隙率的大小及孔隙构造有关。封闭的孔隙，水分不易进入；粗大开口的孔隙，水分又不易存留，故材料的体积吸水率，常小于孔隙率。而对于某些轻质材料，如加气混凝土、软木等，由于具有很多开口而微小的孔隙，所以它的质量吸水率往往超过 100％，在这种情况下，最好用体积吸水率表示其吸水性能。

3. 吸湿性

材料在潮湿空气中吸收水分的性质，称为吸湿性。吸湿性的大小用含水率表示。材料所含有水分的质量占材料干燥质量的百分数，称为材料的含水率，按下式计算：

$$W_含 = \frac{m_水}{m_干} \times 100\% \qquad (1-14)$$

式中：$W_含$——材料的含水率，％；

$m_水$——材料含有水的质量，g；

$m_干$——材料干燥至恒重时的质量，g。

材料含水率的大小，除与材料本身的特性有关外，还与周围环境的温度、湿度等有关。气温越高、相对湿度越小，材料的含水率也就越小。

4. 耐水性

材料长期在饱和水作用下而不破坏，其强度也不显著降低的性质称为耐水性。材料的耐水性一般用软化系数表示。可按下式计算：

$$K = \frac{f_1}{f_0} \qquad (1-15)$$

式中：K——材料的软化系数；

f_1——材料在吸水饱和状态下的抗压强度，MPa；

f_0——材料在干燥状态下的抗压强度，MPa。

软化系数的大小，表明材料浸水后强度降低的程度，一般在 0～1 之间变化。软化系数越小，其耐水性越差。对于经常位于水中或受潮严重的重要结构所用的材料，其软化系数应大于 0.85；受潮较轻的或次要结构物的材料，其软化系数不宜小于 0.75。软化系数大于 0.85 的材料，通常可以认为是耐水材料。

5. 抗渗性

材料抵抗压力水或其他液体渗透的性质，称为抗渗性（或不透水性），可用渗透系数表示。渗透系数越大，材料的抗渗性越差。

对于混凝土、砂浆等材料，工程中常用抗渗等级（P）表示材料的抗渗性能。如混凝土的抗渗等级为 P6，即表示该混凝土能够抵抗 0.6MPa 的水压不渗透。所以，抗渗等级越高，材料的抗渗性能越好。常用的抗渗等级有 P4、P6、P8、P10、P12、＞P12 六个等级。

材料的抗渗性能除与其孔隙率的大小有关外，还与材料的孔隙特征有密切关系。孔隙率很小而且是封闭孔隙的材料具有较高的抗渗性，对于地下建筑及水工构筑物，因常受到压力水的作用，故要求材料具有一定的抗渗性；对于防水材料，则要求具有更高的抗渗性。

6. 抗冻性

材料在吸水饱和状态下，能经受多次冻融循环而不破坏，同时也不严重降低强度的性质称为抗冻性。材料的抗冻性用抗冻等级表示。抗冻等级是指材料以规定的试件，在规定试验条件下测得其强度降低不超过 25％，且质量损失不超过 5％时所能承受的最大的冻融循环次数，用符号 Fn 表示，其中 n 为最大冻融循环次数。如 F50 表示此材料在规定试验条件下能够抵抗的最大冻融循环次数为 50 次。抵抗冻融循环次数越多、抗冻等级越高，材料的抗冻性就越好。

抗冻性良好的材料，对于抵抗温度变化、干湿交替等破坏作用的性能也较强。所以，抗冻性常作为考查材料耐久性的一个指标。处于温暖地区的建筑物，虽无冰冻作用，但为抵抗大气的作用，确保建筑物的耐久性，有时也对材料提出一定的抗冻性要求。

1.4.3 材料与热有关的性质

在建筑中，建筑材料除了要满足必要的强度及其他性能要求外，还要考虑节能和舒适的要求，这就要求材料具有一定的热工性能，以维持室内温度。常需考虑的热工性能有材料的导热性、热容量和保温隔热性能等。

1. 导热性

材料传导热量的能力称为导热性。材料导热能力的大小可用导热系数（λ）表示。导热系数是指在稳定的条件下，通过单位厚度的材料，当其相对两侧的温度差为 1K（开尔文温度）时，单位时间内通过单位面积所传递的热量，按下式计算：

$$\lambda = \frac{Q\delta}{At(T_2 - T_1)}$$ (1-16)

式中：λ ——导热系数，W/(m·K)；

Q ——传导的热量，J；

A ——材料的传热面积，m²；

δ ——材料厚度，m；

t ——热传导时间，s；

$T_2 - T_1$ ——材料两侧温差，K。

材料的导热系数越小，绝热性能越好。各种建筑材料的导热系数差别很大，一些常用材料的导热系数见表 1-2。导热系数与材料内部的孔隙率和孔隙构造有密切关系。由于密闭空气的导热系数很小 [$\lambda = 0.025$W/(m·K)]，所以，材料的孔隙率较大者其导热系数较小，但如孔隙粗大或贯通，由于对流或辐射的作用，材料的导热系数反而增大。另外，材料的导热系数还与材料的含水状态有密切的关系。

常用材料的导热系数 表 1-2

材料名称	建筑钢材	钢筋混凝土	松木（横纹）	烧结黏土砖	花岗岩	水	冰	密闭空气
导热系数 W/(m·K)	58.2	1.74	0.14	0.55	3.49	0.58	2.20	0.025

2. 热容量

材料加热时吸收热量，冷却时放出热量的性质，称为热容量。热容量大小用比热容表示。比热容表示单位质量的材料温度升高 1K 时所吸收的热量（J），或降低 1K 时放出的热量（J），按下式计算：

$$Q = cm(T_2 - T_1)$$ (1-17)

式中：Q ——材料吸收或放出的热量，J；

c——材料的比热容，J/（g·K）；

m——材料的质量，g；

$T_2 - T_1$——材料受热或冷却前后的温差，K。

由式（1-17）可得比热容为：

$$c = \frac{Q}{m(T_2 - T_1)} \tag{1-18}$$

不同种类的材料比热容是不一样的，即使是同一种材料，在不同的状态下，比热容也不相同。例如，水的比热容为 4.186J/（g·K），而结冰后比热容则是 2.093J/（g·K）。

材料的比热容，对保持建筑物内部温度稳定有很大意义，比热容大的材料，能在热流变动或供暖设备供热不均匀时，较好地维持室内的温度波动。

3. 材料的保温隔热性能

在建筑工程中，习惯上把控制室内热量外流的材料称为保温材料，而把防止外部热量进入室内的材料称为隔热材料。保温材料和隔热材料的本质是一致的，一般将保温与隔热材料统称为绝热材料。通常用导热系数（λ）或热阻（$R = 1/\lambda$）评定材料的绝热性能。材料的导热系数越小，其热阻值越大，则材料的导热性能越差，其保温隔热性能越好。

一般我们把导热系数 λ≤0.20W/（m·K）的材料称为绝热材料。但是必须指出，在确定绝热材料时还必须考虑材料的强度、表观密度、温度稳定性等因素。

1.4.4 材料与声有关的性质

1. 吸声性能

声音起源于物体的振动，它迫使邻近的空气跟着振动而成为声波，并在空气介质中向四周传播。当声波遇到材料表面时，一部分被反射，另一部分穿透材料，其余部分则传递给材料，在材料的孔隙中引起空气分子与孔壁的摩擦和粘滞阻力，其间相当一部分声能转化为热能而被吸收掉。这些被吸收的能量（包括部分穿透材料的声能在内）与传递给材料的全部声能之比，是评定材料吸声性能好坏的主要指标，称为吸声系数，用 α 表示。

吸声系数与声音的频率及声音的入射方向有关。同一材料对高、中、低不同频率的吸声系数是不同的。为了能全面反映材料的吸声性能，规定取 125Hz、250Hz、500Hz、1000Hz、2000Hz、4000Hz 六个频率的吸声系数来表示材料的频率特性，凡对上述六个频率的平均吸声系数大于 0.2 的材料，称为吸声材料。材料的吸声系数越大，则吸声效果越好。

具有大量内外连通微孔的多孔材料具有良好的吸声性能。当声波入射到多孔材料的表面时，便很快顺着微孔进入材料内部，使孔隙内的空气分子受到摩擦和粘滞阻力，或使细小纤维做机械振动，部分声能将转变为热能，从而达到阻止声波传播的目的。

2. 隔声性能

声音按传播的途径不同可分为空气传播声和固体传播声两种。要使声波无法传播，最有效的办法就是将其传播介质隔断。

建筑上把主要起隔绝声音作用的材料称为隔声材料。隔声材料主要用于外墙、门窗、隔墙以及隔断等。

对于隔绝空气声，隔声效果主要取决于隔声材料的单位面积质量，质量越大，越不易振动，则隔声效果越好。因此须选用密实、沉重的材料，如普通砖、钢板、钢筋混凝土作为隔声材料。

对于隔绝固体声，最有效的措施是采用不连续的结构处理，即在墙壁和承重梁之间、房框架和隔墙及楼板之间加弹性衬垫，如毛毡、软木、橡皮等材料，或在楼板上加弹性地毯；对于强夯地基施工，为了减少对临近建筑的振动，可在强夯地基外周挖壕沟，将固体声转换成空气声后而被吸声材料吸收。

习　　题

一、单项选择题（每题的备选项中，只有 1 个最符合题意）

1. 同一材料的孔隙率 P 与密实度 D 的关系为（　　）。

A. $P+D=0$　　　　　　　　　　　　B. $P-D=0$

C. $P+D=1$　　　　　　　　　　　　D. $P-D=1$

2. 软化系数表征的材料性质是（　　）。

A. 耐水性　　　　　　　　　　　　　B. 亲水性

C. 吸湿性　　　　　　　　　　　　　D. 吸水性

3. 下列有关材料物理性质表述错误的是（　　）。

A. 材料的密实度是指材料体积内被固体物质所充实的程度

B. 混凝土的抗渗等级为 P6，即表示该混凝土能够抵抗 0.6MPa 的水压而不渗水

C. 孔隙率一定时，材料的含水率越大，导热性越差

D. 材料在空气中吸收水分的性质，称为吸湿性。通常用含水率表示

4. 同一种材料的密度与表观密度差值较小，这种材料的（　　）。

A. 孔隙率较大　　　　　　　　　　　B. 保温隔热较好

C. 吸声能力强　　　　　　　　　　　D. 强度高

5. 为了达到保温隔热的目的，在选择墙体材料时，要求（　　）。

A. 导热系数小，热容量小　　　　　　B. 导热系数小，热容量大

C. 导热系数大，热容量小　　　　　　D. 导热系数大，热容量大

6. 用于吸声的材料，要求其具有较多的（　　）孔隙。

A. 大孔　　　　　　　　　　　　　　B. 内部连通而表面封死

C. 封闭小孔　　　　　　　　　　　　D. 开口连通细孔

二、多项选择题（每题的备选项中，有 2 个或 2 个以上符合题意，至少有 1 个错项）

1. 材料的密实度越大，则材料的（　　）。

A. 孔隙率越小　　　　　　　　　　　B. 强度越高

C. 密度越大　　　　　　　　　　　　D. 抗渗性越好

E. 导热性越差

2. 下列关于材料物理性质表述正确的是（　　）。

A. 一般情况下，材料的强度、吸水性、吸湿性、抗渗性、抗冻性等都与孔隙率和孔

隙特征有关

B. 秋季新建成而住进的房屋，在供热及其他相同条件下，第一年冬天比较冷的原因是墙体的含水率较大

C. 材料的抗冻性以材料在吸水饱和状态下所能抵抗的冻融循环次数来表示

D. 材料受热吸收热量和冷却放出热量的性质称为导热性

E. P6 比 P8 的抗渗性好

1.5 材料的力学性质

材料的力学性质是指材料在外力（或荷载）的作用下，抵抗破坏和变形的性能。

1.5.1 材料的强度

材料在外力作用下，抵抗破坏的极限能力，称为该材料的强度。其值通常以 f 表示。

材料在使用中所受的外力，主要有拉力、压力、弯曲和剪力等。材料强度按这些外力作用的方式不同，分为抗拉强度、抗压强度、抗弯（折）强度和抗剪强度等。材料承受不同外力作用的方式如图 1-26 所示。

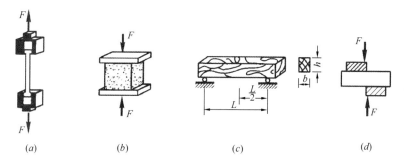

图 1-26 材料承受各种外力示意图

（a）抗拉；（b）抗压；（c）抗弯；（d）抗剪

材料的抗拉、抗压和抗剪强度按下式计算：

$$f = \frac{F}{A} \tag{1-19}$$

式中：f——抗拉、抗压和抗剪强度，MPa；

F——材料抗拉、抗压和抗剪破坏时的荷载，N；

A——材料的受力面积，mm^2。

材料的抗弯强度（也称抗折强度）与材料的受力情况和截面形状有关。当矩形截面的试件，跨中作用一集中荷载时，材料抗弯强度按下式计算：

$$f = \frac{3FL}{2bh^2} \tag{1-20}$$

式中：f——抗弯强度，MPa；

F——材料抗弯破坏时的荷载，N；

b、h——材料的截面宽度、高度，mm；

L——两支点的间距，mm。

材料的强度与其化学成分、构造和结构等许多因素有着密切的关系。材料的化学成分相同，结构不同，强度也不相同；材料的孔隙率愈大，则强度愈小。材料的强度还与试验条件有关，如试件的含水状况、形状尺寸、加荷速度、测试环境的温湿度、测试人员的技术水平等。所以，这些强度一般是通过在特定条件下的力学试验来测定。在测定强度值时，为了使试验结果较准确，而且具有可比性，每个国家或行业都规定有统一的标准试验方法。测定材料强度时，必须按照相应的标准试验方法进行。

为了合理选用材料，大部分建筑材料，根据其极限强度的大小，可划分为若干不同的强度等级。这对于在设计和施工中正确合理地选择和使用材料，以及保证工程质量，都是十分必要的。

为了衡量材料是否具有轻质高强的性能，可以采用比强度作为比较的指标。比强度是按单位体积质量计算的材料强度，在数值上等于材料的强度与其表观密度的比值。材料的比强度数值越大，其轻质高强的性能就越强。

1.5.2 材料的弹性和塑性

材料在外力作用下产生变形，当外力取消后，材料变形即可消失并能完全恢复原来形状的性质称为弹性。这种当外力取消后瞬间内即可完全消失的变形，即为弹性变形。

材料在外力作用下产生变形，当外力取消后，仍保持变形后的形状和尺寸，并且不产生裂缝的性质称为塑性。这种不能消失的变形，称为塑性变形（或永久变形）。

工程建设中使用的许多材料在受力不大时，仅产生弹性变形；受力超过一定限度后，即产生塑性变形。如建筑钢材，当外力值小于弹性极限时，仅产生弹性变形；若外力大于弹性极限后，则除了弹性变形外，还产生塑性变形。有的材料在受力时，弹性变形和塑性变形同时产生，如果取消外力，则弹性变形可以消失，而其塑性变形则不能消失（如混凝土）。

1.5.3 材料的韧性和脆性

在外力作用下，当外力达到一定限度后，材料突然破坏而又无明显变形征兆的性质，称为脆性。

脆性材料抵抗冲击荷载或振动作用的能力很差，一般情况下其抗压强度比抗拉强度高得多，如混凝土、玻璃、砌墙砖、石材、陶瓷等。

在冲击、振动荷载作用下，材料能吸收较大的能量，产生一定的变形而不被破坏的性能称为韧性。如建筑钢材、木材、橡胶等都属于韧性较好的材料。建筑工程中，对于要承受冲击荷载和有抗震要求的结构，其所用的材料都要考虑材料的冲击韧性。冲击韧性可用材料受荷载达到破坏时所吸收的能量来表示，即：

$$a_k = \frac{A_k}{A} \tag{1-21}$$

式中：a_k——材料的冲击韧性，J/mm²；

A_k——试件破坏时所消耗的功，J；

A ——试件受力面积，mm^2。

1.5.4 材料的硬度和耐磨性

硬度是指材料表面抵抗其他物体压入或刻划的能力。金属材料的硬度常用压入法测定，如布氏硬度法，是以单位压痕面积上所受的压力来表示。陶瓷等材料常用刻划法测定。一般情况下，硬度大的材料强度高、耐磨性较强，但不易加工。工程中有时用硬度来间接推算材料的强度，如回弹法用于测定混凝土表面硬度，间接推算混凝土强度。

耐磨性是指材料表面抵抗磨损的能力，材料的耐磨性用磨损率表示。材料的磨损率越低，表明材料的耐磨性越好。耐磨性与材料的组成结构及强度、硬度有关，一般硬度较高的材料，耐磨性也较好。楼地面、楼梯、走道、路面等经常受到磨损的部位，选择材料时应考虑其耐磨性。

习　题

一、单项选择题（每题的备选项中，只有 1 个最符合题意）

1. 材料在外力作用下产生变形，当外力消除后材料能保持变形后形状和尺寸，且不产生裂缝的性质称为（　　）。

A. 韧性　　　　　　　　　　　　B. 弹性

C. 脆性　　　　　　　　　　　　D. 塑性

2. 下列材料中不属于韧性材料的是（　　）。

A. 钢材　　　　　　　　　　　　B. 木材

C. 砂浆　　　　　　　　　　　　D. 橡胶

二、多项选择题（每题的备选项中，有 2 个或 2 个以上符合题意，至少有 1 个错项）

1. 材料的力学性质包括（　　）。

A. 强度　　　　　　　　　　　　B. 耐水性

C. 弹性与塑形　　　　　　　　　D. 韧性与脆性

E. 硬度与耐磨性

1.6　材料的耐久性

1.6.1 耐久性的含义

材料在使用过程中，能够抵抗所处环境中各种介质的侵蚀而不破坏，并保持其原有性质的能力，称为耐久性。耐久性是材料的一种综合性能，它包括抗冻性、抗渗性、抗风化性、抗老化性、耐化学腐蚀性等。此外，材料的强度、密实性能、耐磨性等也与材料的耐久性有着密切的关系。材料在使用过程中，除受到各种外力的作用外，还长期受到周围环境和各种自然因素的破坏作用。这些作用一般可分为物理作用、化学作用、生物作用和机械作用等。

物理作用包括材料的干湿变化、温度变化及冻融变化等。这些变化可引起材料的收缩和膨胀，长时期或反复作用会使材料逐渐破坏。

化学作用包括酸、碱、盐及有机溶剂或气体等对材料产生的侵蚀作用，使材料发生质的变化而破坏。例如，钢筋的锈蚀等。

生物作用是昆虫、菌类等对材料所产生的蛀蚀、腐朽等破坏作用。如木材及植物纤维材料的腐烂等。

机械作用包括恒荷载的持续作用，周期性的交替荷载引起的材料疲劳、冲击、磨损。

1.6.2 提高耐久性的措施

为了提高材料的耐久性，可根据材料的组成、性质、用途以及所处的环境条件等因素，采取相应的措施。如木材表面涂刷油漆、墙面粘贴墙面砖，具体可以从以下几方面考虑：

（1）设法减轻大气或周围介质对材料的破坏作用，如降低湿度、排除侵蚀物质等；

（2）提高材料本身对外界的抵抗能力，如提高材料的密实度、改变材料孔隙构造等；

（3）在材料表面设置保护层保护本体材料免受破坏，如覆盖、抹灰、刷涂料等。

对材料耐久性的判断应在使用条件下进行长期观测。近年来采用在试验室进行快速试验，如干湿循环、冻融循环、碳化和化学介质浸渍等，根据试验结果对材料的耐久性做出评价。提高材料的耐久性，对保证建筑物正常使用，减少使用期间的维修费用，延长建筑物使用寿命等均有十分重要的意义。

习　题

一、单项选择题（每题的备选项中，只有1个最符合题意）

1. 耐久性是材料的一种（　　）性能。

A. 单一
B. 物理
C. 综合
D. 力学

2. 下列关于材料耐久性的说法错误的是（　　）。

A. 材料的耐久性包括抗冻性、抗渗性、抗风化性、抗老化性、耐化学腐蚀性等

B. 提高材料的耐久性，对保证建筑物正常使用，减少使用期间的维修费用，延长建筑物使用寿命等均有十分重要的意义

C. 材料在使用过程中，除受到各种外力的作用外，还长期受到周围环境和各种自然因素的破坏作用

D. 耐久性是材料的一项单一性能

二、多项选择题（每题的备选项中，有 2 个或 2 个以上符合题意，至少有 1 个错项）

1. 提高材料耐久性的措施包括(　　)。

A. 设法减轻大气或周围介质对材料的破坏作用

B. 提高材料本身的孔隙率

C. 在材料表面设置保护层保护本体材料免受破坏

D. 对材料进行憎水或防腐处理

E. 改变材料密实度

2. 下列提高材料耐久性的措施中，属于提高材料本身对外界抵抗能力的是(　　)。

A. 降低湿度　　　　　　　　　　　B. 排除侵蚀物质

C. 提高材料的密实度　　　　　　　D. 改变材料孔隙构造

E. 抹灰

1.7　建筑材料技术标准简介

　　工程建设标准通过行之有效的标准规范，为建设工程实现安全防范措施、消除安全隐患提供统一的技术要求，以确保在现有的技术、管理条件下尽可能地保障建设工程质量安全，从而最大限度地保障建设工程的建造者、使用者和所有者的生命财产安全以及人身健康安全。而建筑材料技术标准是针对原材料、产品质量、规格、检验方法、评定方法、应用技术等做出的技术规定。它是从事生产、建设、科学研究工作及商品流通的一种共同遵守的技术依据。

1.7.1　技术标准的分类

　　建筑材料技术标准通常分为基础标准、产品标准和方法标准等。

　　（1）基础标准

　　基础标准指在一定范围内作为其他标准的基础，并能普遍使用的具有广泛指导意义的标准，如《混凝土外加剂定义、分类、命名与术语》GB/T 8075—2005（如图 1-27 所示）等。

　　（2）产品标准

　　产品标准是对产品结构、规格、质量和检验方法所作的技术规定，它是衡量产品质量好坏的依据，如《通用硅酸盐水泥》GB 175—2007/XG 2—2015、《建筑石膏》GB/T 9776—2008、《烧结普通砖》GB 5101—2003（如图 1-28 所示）等。它一般包括产品规格、

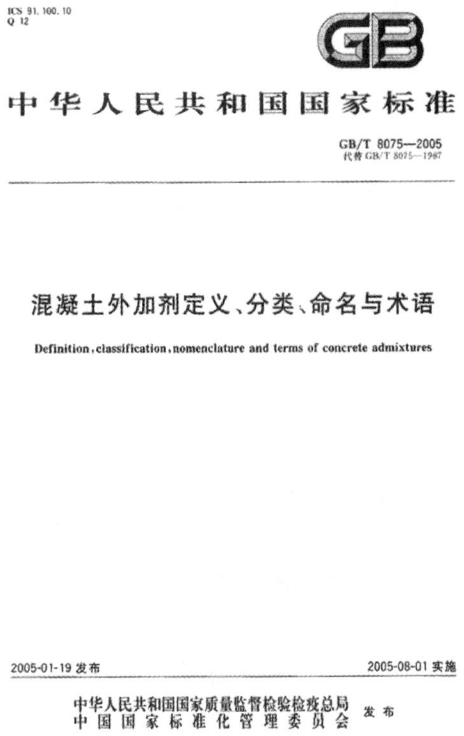

ICS 91.100.10
Q 12

中华人民共和国国家标准

GB/T 8075—2005
代替 GB/T 8075—1987

混凝土外加剂定义、分类、命名与术语

Definition, classification, nomenclature and terms of concrete admixtures

2005-01-19 发布　　　　　　　　2005-08-01 实施

中华人民共和国国家质量监督检验检疫总局　发布
中国国家标准化管理委员会

图 1-27　基础标准

ICS 91.100.20
Q 15

中华人民共和国国家标准

GB 5101—2003
代替 GB/T 5101—1998

烧　结　普　通　砖

Fired common bricks

2003-04-29 发布　　　　　　　　2004-04-01 实施

中华人民共和国　发布
国家质量监督检验检疫总局

图 1-28　产品标准

分类、技术要求、检验方法、验收规则、包装及标志、运输与储存及抽样方法等。

ICS 91.100.10
Q 11

中华人民共和国国家标准

GB/T 12573—2008
代替 GB 12573—1990

水 泥 取 样 方 法

Sampling method for cement

2008-06-30 发布　　　　　　　　2009-04-01 实施

中华人民共和国国家质量监督检验检疫总局　发布
中国国家标准化管理委员会

图 1-29　方法标准

（3）方法标准

方法标准是指以试验、检查、分析、抽样、统计、计算、测定作业等各种方法为对象而制定的标准，如《水泥胶砂强度检验方法（ISO 法）》GB/T 17671—1999、《水泥取样方法》GB/T 12573—2008（如图 1-29 所示）等。

1.7.2　技术标准的等级

建筑材料的技术标准根据发布单位与适用范围，分为国家标准、行业标准（含协会标准）、地方标准和企业标准四级。各项标准分别由相应的标准化管理部门批准并颁布，我国国家质量监督检验检疫总局是国家标准化管理的最高机关。

1. 国家标准

1992 年 12 月建设部发布的《工程建设国家标准管理办法》规定，对需要在全国范围内统一的下列技术要求，应当制定国家标准：1）工程建设勘察、规划、设计、施工（包括安装）及验收等通用的质量要求；2）工程建设通用的有关安全、卫生和环境保护的技术要求；3）工程建设通用的术语、符号、代号、量与单位、建筑模数和制图方法；4）工程建设通用的试验、检验和评定等方法；5）工程建设通用的信息技术要求；6）国家需要控制的其他工程建设通用的技术要求。

（1）国家标准的制定原则和程序

制订国家标准应当遵循下列原则：1）必须贯彻执行国家的有关法律、法规和方针、政策，密切结合自然条件，合理利用资源，充分考虑使用和维修的要求，做到安全适用、技术先进、经济合理；2）对需要进行科学试验或测试验证的项目，应当纳入各级主管部门的科研计划，认真组织实施，写出成果报告；3）纳入国家标准的新技术、新工艺、新设备、新材料，应当经有关主管部门或受委托单位鉴定，且经实践检验行之有效；4）积极采用国际标准和国外先进标准，并经认真分析论证或测试验证，符合我国国情；5）国家标准条文规定应当严谨明确，文句简练，不得模棱两可，其内容深度、术语、符号、计量单位等应当前后一致；6）必须做好与现行相关标准之间的协调工作。

工程建设国家标准的制订程序分为准备、征求意见、送审和报批四个阶段。

（2）国家标准的审批发布和编号

国家标准由国务院工程建设行政主管部门审查批准，由国务院标准化行政主管部门统一编号，由国务院标准化行政主管部门和国务院工程建设行政主管部门联合发布。国家标准分为强制性标准和推荐性标准，它的编号由国家标准代号、发布标准的顺序号和发布标准的年号组成。

1）强制性国家标准的代号为"GB"，例如《通用硅酸盐水泥》GB 175—2007/XG 2—2015，其中 GB 表示强制性国家标准，175 表示标准发布顺序号，2007 表示 2007 年批准发布（如图 1-30 所示）。

2）推荐性国家标准的代号为"GB/T"，例如《碳素结构钢》GB/T 700—2006，其中 GB/T 表示推荐性国家标准，700 表示标准发布顺序号，2006 表示 2006 年批准发布（如图 1-31 所示）。

（3）国家标准的复审与修订

国家标准实施后，应当根据科学技术的发展和工程建设的需要，由该国家标准的管理部门适时组织有关单位进行复审。复审一般在国家标准实施后 5 年进行 1 次。复审可以采取函审或会议审查，一般由参加过该标准编制或审查的单位或个人参加。国家标准复审后，标准管理单位应当提出其继续有效或者予以修订、废止的意见，经该国家标准的主管部门确认后报国务院工程建设行政主管部门批准。凡属下列情况之一的国家标准，应当进行局部修订：1）国家标准的部分规定已制约了科学技术新成果的推广应用；2）国家标准的部分规定经修订后可取得明显的经济效益、社会效益、环境效益；3）国家标准的部分规定有明显缺陷或与相关的国家标准相抵触；4）需要对现行的国家标准做局部补充规定。

2. 行业标准

行业标准由国务院有关行政主管部门制定，并报国务院标准化行政主管部门备案，在

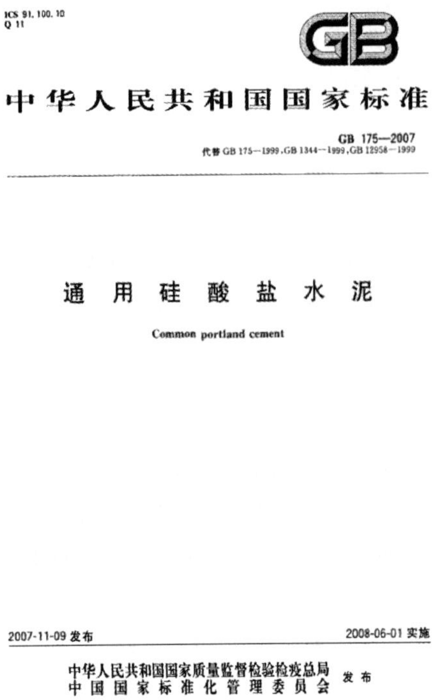
ICS 91.100.10
Q 11

GB

中华人民共和国国家标准

GB 175—2007
代替 GB 175—1999, GB 1344—1999, GB 12958—1999

通用硅酸盐水泥

Common portland cement

2007-11-09 发布　　2008-06-01 实施

中华人民共和国国家质量监督检验检疫总局
中国国家标准化管理委员会　发布

图 1-30　强制性国家标准

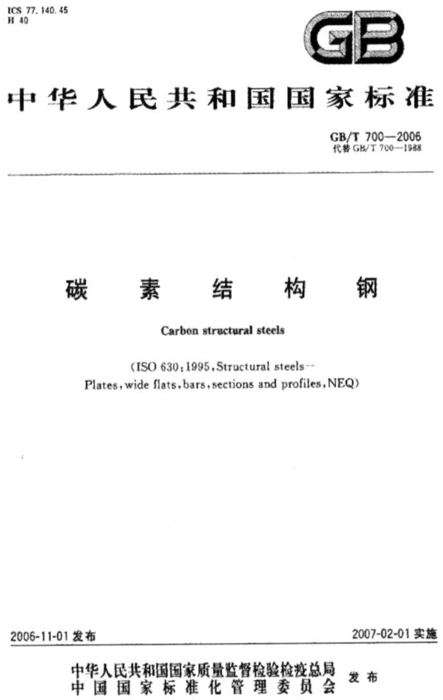
ICS 77.140.45
H 40

GB

中华人民共和国国家标准

GB/T 700—2006
代替 GB/T 700—1988

碳素结构钢

Carbon structural steels

(ISO 630:1995, Structural steels—
Plates, wide flats, bars, sections and profiles, NEQ)

2006-11-01 发布　　2007-02-01 实施

中华人民共和国国家质量监督检验检疫总局
中国国家标准化管理委员会　发布

图 1-31　推荐性国际标准

公布国家标准之后，该项行业标准即行废止。行业标准不得与国家标准相抵触。行业标准的某些规定与国家标准不一致时，必须有充分的科学依据和理由，并经国家标准的审批部门批准。行业标准在相应的国家标准实施后，应当及时修订或废止。

（1）行业标准的范围和类型

1992 年 12 月原建设部发布的《工程建设行业标准管理办法》规定，下列技术要求，可以制定行业标准：1）工程建设勘察、规划、设计、施工（包括安装）及验收等行业专用的质量要求；2）工程建设行业专用的有关安全、卫生和环境保护的技术要求；3）工程建设行业专用的术语、符号、代号、量与单位和制图方法；4）工程建设行业专用的试验、检验和评定等方法；5）工程建设行业专用的信息技术要求；6）其他工程建设行业专用的技术要求。

（2）行业标准的编号

行业标准也分为强制性标准和推荐性标准，它的编号与国家标准相似，由行业标准代号、发布标准的顺序号和发布标准的年号组成。比如建材行业强制性行业标准代号为“JC”（建材行业技术标准）（如图 1-32 所示），推荐性行业标准代号为“JC/T”。而建工行业建设强制性标准为“JGJ”（建工行业建筑工程技术标准），推荐性行业标准为“JGJ/T”（如图 1-33 所示）。

（3）行业标准的制订、修订程序与复审

行业标准的制订、修订程序，也可以按准备、征求意见、送审和报批四个阶段进行。

行业标准实施后，根据科学技术的发展和工程建设的实际需要，该标准的批准部门应当适时进行复审，确认其继续有效或予以修订、废止。一般也是 5 年复审 1 次。

JC

中华人民共和国建材行业标准

JC 477—2005
代替 JC 477—1992

喷射混凝土用速凝剂

Flash setting admixtures for shotcrete

2005-04-11 发布　　　　2005-08-01 实施

中华人民共和国国家发展和改革委员会 发布

图 1-32　强制性行业标准

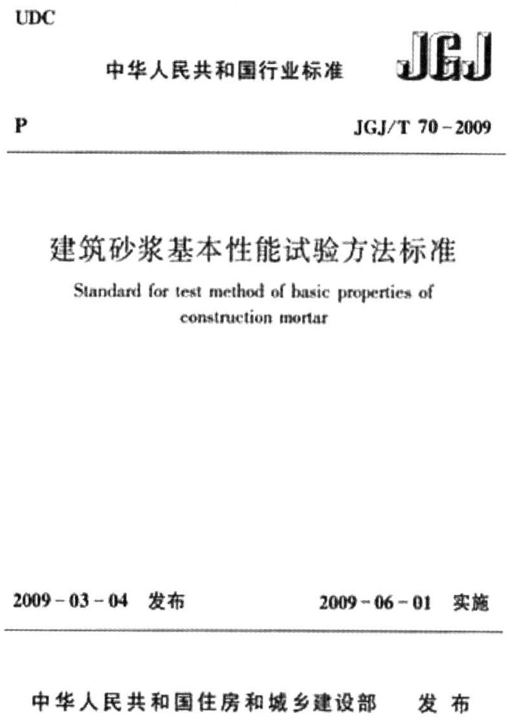

UDC

中华人民共和国行业标准

JGJ

P　　　　　　　　　　　JGJ/T 70-2009

建筑砂浆基本性能试验方法标准

Standard for test method of basic properties of
construction mortar

2009-03-04　发布　　　　2009-06-01　实施

中华人民共和国住房和城乡建设部　　发布

图 1-33　推荐性行业标准

3. 地方标准

我国幅员辽阔，各地的自然环境差异较大，而工程建设在许多方面要受到自然环境的影响。因此，工程建设标准除国家标准、行业标准外，还需要有相应的地方标准。

（1）地方标准制定的范围和权限

2004 年 2 月原建设部发布的《工程建设地方标准化工作管理规定》中规定，工程建设地方标准项目的确定，应当从本行政区域工程建设的需要出发，并应体现本行政区域的气候、地理、技术等特点。对没有国家标准、行业标准或国家标准、行业标准规定不具体，且需要在本行政区域内做出统一规定的工程建设技术要求，可制定相应的工程建设地方标准。

工程建设地方标准在省、自治区、直辖市范围内由省、自治区、直辖市建设行政主管部门统一计划、统一审批、统一发布、统一管理。

（2）地方标准的编号

地方标准也分为强制性标准和推荐性标准，它的编号与国家标准相似，比如地方强制性行业标准代号为"DB"，推荐性行业标准代号为"DB/T"。

（3）地方标准的实施和复审

工程建设地方标准不得与国家标准和行业标准相抵触。对与国家标准或行业标准相抵触的工程建设地方标准的规定，应当自行废止。工程建设地方标准应报国务院建设行政主管部门备案。未经备案的工程建设地方标准，不得在建设活动中使用。

工程建设地方标准中，对直接涉及人民生命财产安全、人体健康、环境保护和公共利益的条文，经国务院建设行政主管部门确定后，可作为强制性条文。在不违反国家标准和行业标准的前提下，工程建设地方标准可以独立实施。

工程建设地方标准实施后，应根据科学技术的发展、本行政区域工程建设的需要以及工程建设国家标准、行业标准的制定、修订情况，适时进行复审，复审周期一般不超5年。对复审后需要修订或局部修订的工程建设地方标准，应当及时进行修订或局部修订。

4. 企业标准

企业标准是在企业范围内需要协调、统一的技术要求、管理要求和工作要求所制定的标准，是企业组织生产、经营活动的依据。国家鼓励企业自行制定严于国家标准或者行业标准的企业标准。企业标准由企业制定，由企业法人代表或法人代表授权的主管领导批准、发布。企业标准一般以"Q"开头，它的编号与国家标准相似。

企业标准虽然是我国标准体系中最低层次的标准，但这不是按标准的技术水平的高低来划分的。

按照适用范围将标准划分为国家标准、行业标准、地方标准和企业标准4个层次。各层次之间有一定的依从关系和内在联系，形成了一个既覆盖全国又层次分明的我国标准体系。

此外，在实践中除了上述四类标准之外，还有推荐性的工程建设协会标准等。

习 题

一、单项选择题（每题的备选项中，只有1个最符合题意）

1.《通用硅酸盐水泥》GB 175—2007/XG 2—2015 属于建筑材料技术标准中的（　　）。

A. 基础标准 　　　　　　　　　　　B. 产品标准

C. 验收标准 　　　　　　　　　　　D. 方法标准

2. 建筑材料的技术标准根据发布单位与适用范围划分，不包括（　　）。

A. 国家标准 　　　　　　　　　　　B. 产品标准

C. 企业标准 　　　　　　　　　　　D. 地方标准

二、多项选择题（每题的备选项中，有2个或2个以上符合题意，至少有1个错项）

1. 建筑材料的技术标准根据发布单位与适用范围，分为（　　）。

A. 国家标准 　　　　　　　　　　　B. 行业标准

C. 地方标准 　　　　　　　　　　　D. 企业标准

E. 产品标准

2. 下列关于建筑材料技术标准的说法中错误的是（　　）。

A.《通用硅酸盐水泥》GB 175—2007/XG 2—2015，其中GB表示强制性国家标准，175表示标准发布顺序号，2007表示2007年批准发布

B. 《碳素结构钢》GB/T 700—2006，其中 GB/T 表示推荐性国家标准，700 表示标准发布顺序号，2006 表示 2006 年批准发布

C. 建材行业强制性行业标准代号为"JC"，推荐性行业标准代号为"JC/T"

D. 建工行业建设强制性标准为"JGJ"，推荐性行业标准为"JGJ/T"

E. 企业标准是我国标准体系中最低层次的标准，仅适用于本企业，低于类似（或相关）产品的国家标准

1.8　建设工程质量检测见证取样送检规定

检测、试验工作的主要目的是取得代表质量特征的有关数据，科学评定建筑质量。建筑工程质量的常规检查一般都采用抽样检查，正确的抽样方法应保证抽样的代表性和随机性。抽样的代表性是指保证抽样的子样应代表母样的质量状况；抽样的随机性是指保证抽取的子样应由随机因素决定而并非人为因素决定。样品的真实性、代表性和随机性直接影响到监测数据的准确和公正，如何保证抽样的代表性和随机性，有关的技术规范标准中都有明确的规定。

见证取（送）样是指在建设单位或工程监理单位人员的见证下，由施工单位的现场试验人员对工程中涉及结构安全、使用功能的试块、试件和材料在施工现场取样，并送至具有相应资质的检测机构进行检测。

1.8.1　见证取样和送检的范围

2000 年 9 月原建设部发布的《房屋建筑工程和市政基础设施工程实行见证取样和送检的规定》第五条规定，涉及结构安全的试块、试件和材料见证取样和送检的比例不得低于有关技术标准中规定应取样数量的 30%。第六条规定，下列试块、试件和材料必须实施见证取样和送检：

（1）用于承重结构的混凝土试块；

（2）用于承重墙体的砌筑砂浆试块；

（3）用于承重结构的钢筋及连接接头试件；

（4）用于承重墙的砖和混凝土小型砌块；

（5）用于拌制混凝土和砂浆的水泥；

（6）用于承重结构的混凝土中使用的外加剂；

（7）地下室、屋面、厕浴间使用的防水材料；

（8）国家规定必须实行见证取样和送检的其他试块、试件和材料。

1.8.2　见证取样和送检的程序

（1）见证人员应由建设单位或该工程的监理单位具备建筑施工试验知识的专业技术人员担任，并应由建设单位或该工程的监理单位向施工单位、检测单位和负责该项工程的质

量监督机构递交"见证单位和见证人授权书",授权书上应写明本工程现场委托的见证单位、取样单位、见证人姓名、取样人姓名及"见证员证"和"取样员证"编号,以便工程质量监督单位和工程质量检测机构及检查核对。

(2)见证员、取样员应持证上岗。

(3)施工单位取样人员在现场对涉及结构安全及使用功能的试快、试件和材料进行现场取样时,见证人员必须在旁见证。

(4)见证人员应采用有效措施对试样进行监护,应和施工企业取样人员一起将试样送至检测机构或采用有效的封样措施送样。

(5)检测机构在接受检测任务时,应有送检单位填写送检委托单,委托单上有该工程见证人员和取样人员签字,否则,检测机构有权拒收。

(6)检测机构应检查委托单及试样的标识和封样标志,确认无误后方可接受进行检测。

(7)检测机构应严格按照有关管理规定和技术标准进行检测,出具公正、真实、准确的检测报告,见证取样送样的检测报告必须加盖见证取样检测的专用章。

(8)检测机构发现试样检测结果不合格时,应立即通知该工程的质量管理部门或委托的质量监督站,同时还应通知施工单位。

1.8.3 见证人员的基本要求

(1)见证人员应当由建设单位或该工程监理单位中具备建筑施工试验知识的专业技术人员担任,应具有建筑施工专业初级以上技术职称。

(2)见证人员应参加建设行政主管部门组织的见证取(送)样人员资格培训考核,考核合格后经建设行政主管部门审核颁布"见证员"证书。

(3)见证人员对工程实行见证取样、送样时应有该工程建设单位签发的见证人书面授权书。见证人书面授权书由建设单位和见证单位书面通知施工单位、检测机构和负责该工程的质量监督机构。

(4)见证人员的基本情况由当地建设行政主管部门备案,每隔3~5年换证一次。

1.8.4 见证人员的职责

(1)单位工程施工前,见证人员应会同施工项目负责人、取样人员共同制定送检计划。

(2)见证人员应制作见证记录,工程竣工时应将见证记录归入施工档案。

(3)见证人员和取样人员应对试样的真实性和代表性负责。

(4)取样时,见证人员必须旁站,取样人员应在见证人员见证下在试样和其包装上做出标识、封样标志。标识和封样标志应标明工程名称、取样部位、取样日期、样品名称和样品数量,见证人员和取样人员应共同签字。

(5)见证人员必须对试样进行监护,有专用送样工具,见证人员必须亲自封样。

(6)见证人员必须和送样人员一起将试件送至检测机构。

(7)见证人员必须在检验委托单上签字,同时出示"见证员证",以备检测机构校验。

(8)见证人员应廉洁奉公,秉公办事,发现见证人员有违规行为,发证单位有权吊销"见证员"证书。

1.8.5 见证取样送检的组织和管理

（1）国务院建设行政主管部门对全国房屋建筑工程和市政基础设施工程的见证取样和送检工作实施统一监督管理。县级以上地方人民政府建设行政主管部门对本行政区域的房屋建筑工程和市政基础设施工程的见证取样和送检工作实施监督管理。

（2）各检测机构在承接送检任务时，应校验见证人员证书。凡未执行见证取样的检测报告不得列入该工程竣工验收资料，应由工程质量监督机构指定法定检测机构重新检测，检测费用由责任方承担。

（3）见证单位、取样单位的见证人员弄虚作假、玩忽职守、要追究刑事责任的应当依法追究刑事责任。

1.8.6 常用建筑材料见证取样检测参数及技术标准

凡涉及结构安全的试块、试件和材料，见证取样和送检的比例不得低于有关技术标准中规定应取样数量的 30%。常用建筑材料见证取样检测参数及技术标准见表 1-3。

常用建筑材料见证取样检测参数及技术标准　　　　表 1-3

序号	名称	检测参数	技术标准
1	水泥	凝结时间	《通用硅酸盐水泥》GB 175—2007/XG 2—2015
		安定性	《白色硅酸盐水泥》GB/T 2015—2005
		胶砂强度	《水泥细度检验方法筛析法》GB/T 1345—2005
		细度	《水泥标准稠度用水量、凝结时间、安定性检验方法》GB/T 1346—2011
		标准稠度用水量	《水泥压蒸安定性试验方法》GB/T 750—1992 《水泥胶砂强度检验方法（ISO 法）》GB/T 17671—1999
2	钢筋及其焊接、机械连接	屈服强度	《碳素结构钢》GB/T 700—2006
		抗拉强度	《低碳钢热轧圆盘条》GB/T 701—2008
		伸长率	《钢筋混凝土用钢 第 1 部分：热轧光圆钢筋》GB 1499.1—2017（2018 年 9 月 1 日实施）
		冷弯	
3	钢筋及其焊接、机械连接	反复弯曲次数	《钢筋混凝土用钢 第 2 部分：热轧带肋钢筋》GB 1499.2—2018（2018 年 11 月 1 日实施） 《钢筋混凝土用余热处理钢筋》GB 13014—2013 《冷轧带肋钢筋》GB 13788—2008
		钢筋焊接接头抗拉强度	《预应力混凝土用钢丝》GB/T 5223—2014 《混凝土结构工程施工质量验收规范》GB 50204—2015 《钢筋焊接及验收规程》JGJ 18—2012 《钢筋机械连接技术规程》JGJ 107—2016 《冷轧带肋钢筋混凝土结构技术规程》JGJ 95—2011 《金属材料 拉伸试验 第 1 部分：室温试验方法》GB/T 228.1—2010
		钢筋焊接接头冷弯	《金属材料 弯曲试验方法》GB/T 232—2010 《金属材料 线材 反复弯曲试验方法》GB/T 238—2013 《钢筋焊接接头试验方法标准》JGJ/T 27—2014
		钢筋机械连接接头抗拉强度	《预应力混凝土用钢材试验方法》GB/T 21839—2008

序号	名称	检测参数	技术标准
4	建筑用砂	颗粒级配	《建筑用砂》GB/T 14684—2011 《普通混凝土用砂、石质量及检验方法标准》JGJ 52—2006 《硅酸盐建筑制品用砂》JC/T 622—2009
		细度模数	
		含泥量及石粉含量	
		泥块含量	
		含水率	
		吸水率	
5	建筑用卵石、碎石	颗粒级配	《建筑用卵石、碎石》GB/T 14685—2011 《普通混凝土用砂、石质量及检验方法标准》JGJ 52—2006 《公路工程集料试验规程》JTG E 42—2005 《公路工程岩石试验规程》JTG E 41—2005 《轻集料及其试验方法 第2部分：轻集料试验方法》GB/T 17431.2—2010 《砂、石碱活性快速试验方法》CECS 48—1993 《铁路混凝土用骨料碱活性试验方法 快速砂浆棒法》TB/T 2922.5—2002
		含泥量	
		泥块含量	
		针片状颗粒含量	
		表观密度	
		堆积密度	
		紧密密度	
		含水率	
		吸水率	
6	混凝土	配合比	《普通混凝土配合比设计规程》JGJ 55—2011 《普通混凝土力学性能试验方法标准》GB/T 50081—2002 《预拌混凝土》GB/T 14902—2012 《混凝土质量控制标准》GB 50164—2011 《混凝土结构工程施工质量验收规范》GB 50204—2015 《混凝土强度检验评定标准》GB/T 50107—2010 《地下工程防水技术规范》GB 50108—2008 《普通混凝土拌合物性能试验方法标准》GB/T 50080—2016 《混凝土质量控制标准》GB 50164—2011 《普通混凝土长期性能和耐久性能试验方法标准》GB/T 50082—2009
		立方体抗压强度	
		抗折强度	
		拌合物坍落度	
		含气量	
		拌合物维勃稠度	
		拌合物凝结时间	
		抗渗性能	
7	砌筑砂浆	配合比	《建筑砂浆基本性能试验方法标准》JGJ/T 70—2009 《砌筑砂浆配合比设计规程》JGJ/T 98—2010 《蒸压加气混凝土墙体专用砂浆》JC/T 890—2017 《砌体结构设计规范》GB 50003—2011 《砌体结构工程施工质量验收规范》GB 50203—2011 《公路工程水泥及水泥混凝土试验规程》JTG E30—2005
		立方体抗压强度	
		拌合物稠度	
		拌合物分层度	
8	混凝土外加剂	减水率	《混凝土外加剂》GB 8076—2008 《混凝土外加剂应用技术规范》GB 50119—2013 《普通混凝土拌合物性能试验方法标准》GB/T 50080—2016 《普通混凝土力学性能试验方法标准》GB/T 50081—2002 《普通混凝土长期性能和耐久性能试验方法标准》GB/T 50082—2009 《建筑砂浆基本性能试验方法标准》JGJ/T 70—2009 《砂浆、混凝土防水剂》JC 474—2008 《混凝土膨胀剂》GB 23439—2009
		抗压强度比	
		含气量	
		对钢筋有无锈蚀	
		凝结时间差	
		收缩率比	
		坍落度保留值	
		限制膨胀率	

习　题

一、单项选择题（每题的备选项中，只有 1 个最符合题意）

1. 下列有关实施见证取样和送检的规定中错误的是（　　）。

A. 建筑物的基础用混凝土必须实施见证取样和送检

B. 框架结构房屋的填充墙用砖和砌块必须实施见证取样和送检

C. 用于承重结构的钢筋及连接接头试件必须实施见证取样和送检

D. 地下室、屋面、厕浴间使用的防水材料必须实施见证取样和送检

2. 下列有关见证人员的基本要求和职责的论述中错误的是（　　）。

A. 见证人员应当由建设单位或该工程监理单位中具备建筑施工试验知识的专业技术人员担任，应具有建筑施工专业初级以上技术职称

B. 见证人员对工程实行见证取样、送样时应有该工程建设单位签发的见证人书面授权书。见证人书面授权书由建设单位和见证单位书面通知施工单位、检测机构和负责该工程的质量监督机构

C. 取样时，见证人员可以不用旁站，取样人员直接在试样和其包装上做出标识、封样标志。标识和封志应标明工程名称、取样部位、取样日期、样品名称和样品数量，见证人员和取样人员应共同签字

D. 见证人员必须和送样人员一起将试件送至检测机构

二、多项选择题（每题的备选项中，有 2 个或 2 个以上符合题意，至少有 1 个错项）

1. 在实施见证取样和送检时，见证人员应是（　　）。

A. 建设单位的技术人员　　　　　　　B. 施工单位的技术人员

C. 设计单位的技术人员　　　　　　　D. 监理单位的技术人员

E. 勘察单位的技术人员

2. 下列关于见证人员职责的说法，正确的是（　　）。

A. 见证人员和取样人员应对试样的真实性和代表性负责

B. 见证人员必须对试样进行监护，有专用送样工具，见证人员必须亲自封样

C. 见证人员可以单独将试件送至检测机构

D. 见证人员必须在检验委托单上签字，同时出示"见证员证"，以备检测机构校验

E. 单位工程施工前，见证人员应会同施工项目负责人、取样人员共同制定送检计划

第 2 章　常用建筑结构材料的性能及应用

2.1　水泥的性能及应用

胶凝材料是指能经过自身的物理、化学作用，在由可塑浆体变成坚硬石状体的过程中，能把散粒或块状物料胶结成一个整体，且有一定机械强度的材料。

胶凝材料按化学组成可分为有机胶凝材料和无机胶凝材料，分类如图 2-1 所示：

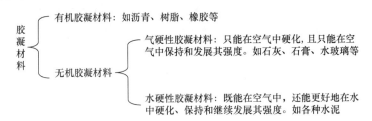

图 2-1　胶凝材料按化学组成分类

气硬性胶凝材料一般只适用于干燥环境中，而不宜用于潮湿环境，更不可用于水中。

水泥是建筑工业三大基本材料之一，使用广、用量大，具有较好的可塑性、适应性、耐久性，广泛用于建筑、水利、道路、国防等工程中，在整个国民经济中起着十分重要的作用。

2.1.1　水泥的定义与分类

《建筑材料术语标准》JGJ/T 191—2009 规定，水泥是一种细磨粉末状材料，加入适量水后，可成为塑性浆体，既能在空气中硬化，又能在水中硬化，并能把砂、石等材料牢固地胶结在一起的水硬性胶凝材料。

国家标准《通用硅酸盐水泥》GB 175—2007/XG 2—2015 将水泥按照混合材料的品种和掺量分为硅酸盐水泥（如图 2-2 所示）、普通硅酸盐水泥（简称普通水泥，如图 2-3 所示）、矿渣硅酸盐水泥（简称矿渣水泥）、火山灰质硅酸盐水泥（简称火山灰水泥）、粉煤灰硅酸盐水泥（简称粉煤灰水泥）和复合硅酸盐水泥（简称复合水泥）六大类。

图 2-2　硅酸盐水泥　　　图 2-3　普通硅酸盐水泥

国家标准《水泥的命名原则与术语》GB/T 4131—2014 按照不同的原则将水泥分类，如图 2-4 所示：

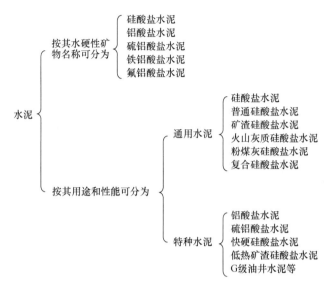

图 2-4　水泥的分类

而目前在建筑领域应用最为广泛的当属通用硅酸盐水泥，所以本节主要学习通用硅酸盐水泥（也即通用水泥）的相关知识。

2.1.2　通用硅酸盐水泥的代号、组分和强度等级

现行国家标准《通用硅酸盐水泥》GB 175—2007/XG 2—2015 对六种通用硅酸盐水泥的代号、组分和强度等级的规定见表 2-1。

通用硅酸盐水泥的代号、组分和强度等级　　　　　　　　表 2-1

水泥品种	代号	组分		强度等级
		（熟料＋石膏）	活性混合材料种类及掺量	
硅酸盐水泥	P·Ⅰ	100%	—	42.5、42.5R
	P·Ⅱ	≥95%	粒化高炉矿渣粉或石灰石粉的掺量≤5%	52.5、52.5R 62.5、62.5R
普通硅酸盐水泥（普通水泥）	P·O	≥80%且<95%	活性混合材料的掺量>5%且≤20%	42.5、42.5R 52.5、52.5R
矿渣硅酸盐水泥（矿渣水泥）	P·S·A	≥50%且<80%	粒化高炉矿渣粉的掺量>20%且≤50%	32.5、32.5R 42.5、42.5R 52.5、52.5R
	P·S·B	≥30%且<50%	粒化高炉矿渣粉的掺量>50%且≤70%	
火山灰质硅酸盐水泥（火山灰水泥）	P·P	≥60%且<80%	火山灰质混合材料的掺量>20%且≤40%	
粉煤灰硅酸盐水泥（粉煤灰水泥）	P·F	≥60%且<80%	粉煤灰的掺量>20%且≤40%	

水泥品种	代号	组分		强度等级
		(熟料＋石膏)	活性混合材料种类及掺量	
复合硅酸盐水泥（复合水泥）	P·C	≥50%且<80%	粒化混合材料的掺量>20%且≤50%	32.5R 42.5、42.5R 52.5、52.5R

注：强度等级中，R表示早强型。

2.1.3 通用硅酸盐水泥的原材料及生产工艺

按国家标准《通用硅酸盐水泥》GB 175—2007/XG 2—2015 规定：以硅酸盐水泥熟料和适量的石膏及规定的混合材料制成的水硬性胶凝材料称为通用硅酸盐水泥。

1. 通用硅酸盐水泥的原材料

（1）生产通用硅酸盐水泥熟料的原料主要有以下几类：

1）石灰质原料：天然石灰石，如图 2-5 所示。也可采用与天然石灰石化学成分相似的材料，如白垩等。

2）黏土质原料：主要为黏土，如图 2-6 所示。其主要化学成分为 SiO_2，其次为 Al_2O_3 和少量 Fe_2O_3。

3）铁矿粉：采用赤铁矿，如图 2-7 所示，化学成分为 Fe_2O_3。

4）窑灰：生产硅酸盐水泥熟料时，随气流从窑尾排出的、经收尘设备收集所得的干粉末。

5）助磨剂：是指在水泥粉磨时加入的起助磨作用而又不损害水泥和混凝土性能的外加剂。水泥粉磨时允许加入助磨剂，其加入量应不大于水泥质量的 0.5%。

图 2-5 石灰石

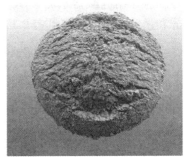

图 2-6 黏土

图 2-7 赤铁矿

图 2-8 石膏矿

（2）石膏：主要为天然石膏矿（如图2-8所示）、无水硫酸钙等。在水泥中起调节凝结时间（延缓凝结时间）的作用。

（3）混合材料：包括活性混合材料和非活性混合材料，前者包括粒化高炉矿渣（如图2-9所示）、粉煤灰（如图2-10所示）、火山灰质混合材料等；后者包括石灰石粉、磨细石英砂等。

图2-9　粒化高炉矿渣　　　图2-10　粉煤灰

2. 通用硅酸盐水泥的生产工艺——"两磨一烧"

硅酸盐水泥生产的第一步是将石灰质原料、黏土质原料和校正原料（常为铁矿粉）按比例混合磨细，再煅烧而形成水泥熟料。然后将水泥熟料与适量石膏、混合材料按比例混合磨细而制成水泥成品，简称"两磨一烧"，具体流程如图2-11所示。

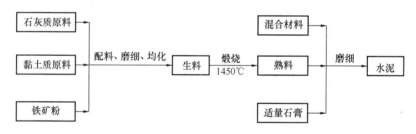

图2-11　硅酸盐水泥生产工艺流程图

3. 通用硅酸盐水泥熟料的矿物组成

通用硅酸盐水泥熟料主要由四种矿物组成，见表2-2。

通用硅酸盐水泥熟料的主要矿物组成　　　　　　表2-2

矿物名称	硅酸三钙	硅酸二钙	铝酸三钙	铁铝酸四钙
矿物组成	$3CaO \cdot SiO_2$	$2CaO \cdot SiO_2$	$3CaO \cdot Al_2O_3$	$4CaO \cdot Al_2O_3 \cdot Fe_2O_3$
简写	C_3S	C_2S	C_3A	C_4AF
矿物含量	37%～60%	15%～37%	7%～15%	10%～18%

2.1.4　通用硅酸盐水泥的凝结硬化

1. 熟料矿物的水化反应

水泥颗粒与水接触时，其表面的熟料矿物立即与水发生水解或水化作用，生成新的水化产物并释放出一定的热量。四种熟料矿物水化反应时所表现出的水化特性并不一样，强度随龄期（水泥龄期是指从水泥加水拌合时起至性能实测时为止的养护时间）变化如图2-12 所示，其他特征见表 2-3。

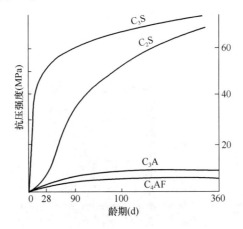

图 2-12　各种熟料矿物的强度增长

水泥熟料矿物水化特性　　　　　　　　　　　　表 2-3

矿物名称	硅酸三钙	硅酸二钙	铝酸三钙	铁铝酸四钙
矿物特性	硬化速度快	硬化速度慢	硬化速度最快	硬化速度较快
	水化热较大	水化热小	水化热大	水化热较小
	耐硫酸盐腐蚀性较差	耐硫酸盐腐蚀性好	耐硫酸盐腐蚀性差	耐硫酸盐腐蚀性较好
	干缩性居中	干缩性居中	干缩性大	干缩性小

2. 水泥的凝结硬化

水泥加水拌合后，成为具有良好可塑性的水泥浆，水泥浆逐渐变稠失去可塑性，但尚不具有强度的过程，称为水泥的"凝结"。随后水泥浆的可塑性完全失去，开始产生明显的强度并逐渐发展而成为坚硬的人造石材——水泥石，这一过程称为水泥的"硬化"。水泥的凝结过程和硬化过程是连续进行的。凝结过程较短暂，一般几个小时即可完成；而硬化过程是一个长期的过程，在一定的温度和湿度下可持续几十年。

2.1.5　通用硅酸盐水泥的技术要求

通用硅酸盐水泥的技术要求见表 2-4。

通用硅酸盐水泥的技术要求　　　　　　　　　　表 2-4

技术指标		概念	意义	要求	依据标准
凝结时间	初凝时间	初凝时间是从水泥加水拌合起至水泥浆开始失去可塑性所需的时间	为了保证有足够的时间在初凝之前完成混凝土的搅拌、运输和浇捣及砂浆的粉刷、砌筑等施工工序，初凝时间不宜过短	通用硅酸盐水泥的初凝时间均不得短于 45min	《通用硅酸盐水泥》GB 175—2007/XG 2—2015
	终凝时间	终凝时间是从水泥加水拌合起至水泥浆完全失去可塑性并开始产生强度所需的时间	为使混凝土、砂浆能尽快地硬化达到一定的强度，以利于下道工序及早进行，终凝时间也不宜过长	硅酸盐水泥的终凝时间不得长于 6.5h，其他五类通用水泥的终凝时间不得长于 10h	

技术指标	概念	意义	要求	依据标准
体积安定性	水泥的体积安定性是指水泥在凝结硬化过程中，体积变化的均匀性	如果水泥硬化后产生不均匀的体积变化，即所谓体积安定性不良，就会使混凝土构件产生膨胀性裂缝，降低建筑工程质量，甚至引起严重事故。因此，施工中必须使用安定性合格的水泥	水泥体积安定性用沸煮法来检验，测试方法可采用试饼法或雷氏法，当二者发生争议时，以雷氏法为准	《水泥标准稠度用水量、凝结时间、安定性检验方法》GB/T 1346—2011
强度及强度等级	由抗压强度和抗折强度来确定相应的等级	水泥的强度是评价和选用水泥的重要技术指标，也是划分水泥强度等级的重要依据	由胶砂法 3d、28d 的抗压强度和抗折度来确定该水泥的强度等级	《通用硅酸盐水泥》GB 175—2007/XG 2—2015《水泥胶砂强度检验方法（ISO 法）》GB/T 17671—1999

注：其他技术要求包括标准稠度用水量、水泥的细度及化学指标。通用硅酸盐水泥的化学指标中的碱含量属于选择性指标，水泥中的碱含量高时，如果配制混凝土的骨料具有碱活性，可能产生碱骨料反应，导致混凝土因不均匀膨胀而破坏。因此，若使用活性骨料，用户要求提供低碱水泥时，则水泥中的碱含量应不大于水泥重量的 0.6％或由买卖双方协商确定。

1. 如何进行水泥标准稠度用水量凝结时间、安定性试验呢？

2. 如何进行水泥胶砂强度检验呢？

2.1.6 通用硅酸盐水泥的特性及应用

1. 通用硅酸盐水泥的主要特性

通用硅酸盐水泥的主要特性见表 2-5。

通用硅酸盐水泥的主要特性 表 2-5

种类		硅酸盐水泥	普通水泥	矿渣水泥	火山灰水泥	粉煤灰水泥	复合水泥
主要特性		① 凝结硬化快、早期强度高；② 水化热大；③ 抗冻性好；④ 耐热性差；⑤ 耐蚀性差；⑥ 干缩性较小	① 凝结硬化较快、早期强度较高；② 水化热较大；③ 抗冻性较好；④ 耐热性较差；⑤ 耐蚀性较差；⑥ 干缩性较小	① 凝结硬化慢、早期强度低，后期强度增长较快；② 水化热较小；③ 抗冻性差；④ 耐热性好；⑤ 耐蚀性较好；⑥ 干缩性较大；⑦ 泌水性大、抗渗性差	① 凝结硬化慢、早期强度低，后期强度增长较快；② 水化热较小；③ 抗冻性差；④ 耐热性较差；⑤ 耐蚀性较好；⑥ 干缩性较大；⑦ 抗渗性较好	① 凝结硬化慢、早期强度低，后期强度增长较快；② 水化热较小；③ 抗冻性差；④ 耐热性较差；⑤ 耐蚀性较好；⑥ 干缩性较小；⑦ 抗裂性较高	① 凝结硬化慢、早期强度低，后期强度增长较快；② 水化热较小；③ 抗冻性差；④ 耐蚀性较好；⑤ 其他性能与掺料种类、掺量有关

2. 通用硅酸盐水泥的选用

在混凝土工程中，根据工程特点及所处环境的不同，可选择不同种类的水泥，具体可参见表 2-6。

通用硅酸盐水泥的选用　　　　　　　　　　表 2-6

混凝土工程特点或所处环境条件			优先选用	可以使用	不宜使用
普通混凝土	1	在普通气候环境中的混凝土	普通水泥	矿渣水泥、火山灰水泥、粉煤灰水泥、复合水泥	—
	2	在干燥环境中的混凝土	普通水泥	矿渣水泥	火山灰水泥、粉煤灰水泥
	3	在高湿度环境中或长期处于水中的混凝土	矿渣水泥、火山灰水泥、粉煤灰水泥、复合水泥	普通水泥	—
	4	厚大体积的混凝土	矿渣水泥、火山灰水泥、粉煤灰水泥、复合水泥	—	硅酸盐水泥
有特殊要求的混凝土	1	要求快硬、早强的混凝土	硅酸盐水泥	普通水泥	矿渣水泥、火山灰水泥、粉煤灰水泥、复合水泥
	2	高强（≥C60级）的混凝土	硅酸盐水泥	普通水泥、矿渣水泥	火山灰水泥、粉煤灰水泥
	3	严寒地区的露天混凝土，寒冷地区的处在水位升降范围内的混凝土	普通水泥	矿渣水泥	火山灰水泥、粉煤灰水泥
	4	严寒地区处在水位升降范围内的混凝土	普通水泥（≥42.5级）	—	矿渣水泥、火山灰水泥、粉煤灰水泥、复合水泥
	5	有抗渗要求的混凝土	普通水泥、火山灰水泥	—	矿渣水泥
	6	有耐磨性要求的混凝土	硅酸盐水泥、普通水泥	矿渣水泥	火山灰水泥、粉煤灰水泥
	7	受侵蚀介质作用的混凝土	矿渣水泥、火山灰水泥、粉煤灰水泥、复合水泥	—	硅酸盐水泥

2.1.7　水泥进场检验及复试

1. 水泥包装

水泥可以散装（有利于节能环保、绿色施工，如图 2-13 所示）或袋装。《通用硅酸盐水泥》GB 175—2007/XG2—2015 规定，袋装水泥每袋净含量为 50kg，且应不少于标志质量的 99%；随机抽取 20 袋总质量（含包装袋）应不少于 1000kg。

水泥包装袋上应清楚标明：执行标准、水泥品种、代号、强度等级、生产者名称、生产许可证标志（QS）及编号、出厂编号、包装日期、净含量，如图 2-14 所示。

图 2-13　散装水泥

图 2-14　通用硅酸盐水泥（袋装）

包装袋两侧应根据水泥的品种采用不同的颜色印刷水泥名称和强度等级，硅酸盐水泥和普通硅酸盐水泥采用红色，矿渣硅酸盐水泥采用绿色；火山灰质硅酸盐水泥、粉煤灰硅酸盐水泥和复合硅酸盐水泥采用黑色或蓝色。散装发运时应提交与袋装标志相同内容的卡片。

2. 水泥进场检验与抽样复试

按同一生产厂家、同品种、同等级、同批号连续进场的水泥，袋装水泥不超过 200t 为一批，散装水泥不超过 500t 为一批，每批抽样不少于一次。

取样应具有代表性，可以连续取，也可以从 20 个以上不同部位抽取等量样品，总量至少 12kg。

《砌体结构工程施工质量验收规范》GB 50203—2011 规定：

（1）水泥进场应对其品种、等级、包装或散装仓号、出厂日期等进行检查，并应对其强度、安定性进行复验，其质量必须符合现行国家标准《通用硅酸盐水泥》GB 175—2007/XG 2—2015 的有关规定。

（2）当在使用中对水泥质量有怀疑或水泥出厂超过 3 个月（快硬硅酸盐水泥超过 1 个月）时，应复查试验，并按复验结果采用。

（3）不同品种的水泥，不得混合使用。

通过检查产品合格证、出厂检验报告和进场复验报告进行控制。

水泥应该如何见证取样呢？

本节现行常用标准目录

1.《建筑材料术语标准》JGJ/T 191—2009

2.《通用硅酸盐水泥》GB 175—2007/XG 2—2015

3.《水泥的命名原则与术语》GB/T4131—2014

4.《水泥取样方法》GB/T 12573—2008

5.《水泥标准稠度用水量、凝结时间、安定性检验方法》GB 1346—2011

6.《水泥胶砂强度检验方法（ISO 法）》GB/T 17671—1999

7.《掺入水泥中的回转窑窑灰》JC/T 742—2009

8.《水泥包装袋》GB 9774—2010

9.《砌体结构工程施工质量验收规范》GB 50203—2011

习　　题

一、单项选择题（每题的备选项中，只有 1 个最符合题意）

1. 下列材料中，属于水硬性胶凝材料的是（　　）。

A. 石灰　　　　　　　　　　B. 石膏

C. 水泥　　　　　　　　　　D. 水玻璃

2. 气硬性胶凝材料一般只适用于（　　）环境中。

A. 干燥　　　　　　　　　　B. 干湿交替

C. 潮湿　　　　　　　　　　D. 水中

3. 在《通用硅酸盐水泥》GB 175—2007/XG 2—2015 中，按混合材料的品种和掺量，通用硅酸盐水泥共分为（　　）种。

A. 4　　　　　　　　　　　　　B. 5

C. 6　　　　　　　　　　　　　D. 7

4. 普通硅酸盐水泥的代号是（　　　）。

A. P·P　　　　　　　　　　　　B. P·F

C. P·C　　　　　　　　　　　　D. P·O

5. 下列指标中，属于常用水泥技术指标的是（　　　）。

A. 和易性　　　　　　　　　　　B. 可泵性

C. 安定性　　　　　　　　　　　D. 保水性

6. 关于通用硅酸盐水泥性能与技术要求的说法，正确的是（　　　）。

A. 水泥的终凝时间是从水泥加水拌合起至水泥浆开始失去可塑性所需的时间

B. 通用硅酸盐水泥的终凝时间均不得长于 45min

C. 水泥的体积安定性不良是指水泥在凝结硬化过程中产生不均匀的体积变化

D. 水泥的碱含量太低更容易产生碱骨料反应

7. 通用水泥的初凝时间均不得少于（　　　）。

A. 30min　　　　　　　　　　　B. 45min

C. 60min　　　　　　　　　　　D. 70min

8. 终凝时间不得长于 6.5h 的水泥品种是（　　　）。

A. 硅酸盐水泥　　　　　　　　　B. 普通水泥

C. 粉煤灰水泥　　　　　　　　　D. 矿渣水泥

9. 国家标准规定，普通硅酸盐水泥的终凝时间最大值是（　　　）。

A. 7h　　　　　　　　　　　　　B. 8h

C. 9h　　　　　　　　　　　　　D. 10h

10. 水泥体积安定性不良，会使混凝土构件产生（　　　）裂缝，影响工程质量。

A. 温度　　　　　　　　　　　　B. 结构

C. 收缩　　　　　　　　　　　　D. 膨胀

11. 关于普通硅酸盐水泥主要特性的说法，正确的是（　　　）。

A. 水化热较小　　　　　　　　　B. 抗冻性较差

C. 耐热性较差　　　　　　　　　D. 干缩性较大

12. 关于粉煤灰硅酸盐水泥主要特性的说法，正确的是（　　　）。

A. 水化热较大　　　　　　　　　B. 抗冻性较好

C. 耐热性较好　　　　　　　　　D. 干缩性较小

13. 高强混凝土应优先选用的通用水泥是（　　　）。

A. 硅酸盐水泥　　　　　　　　　B. 矿渣水泥

C. 普通硅酸盐水泥　　　　　　　D. 复合水泥

14. 干燥环境中的混凝土，应优先选用的通用水泥是（　　　）。

A. 硅酸盐水泥　　　　　　　　　B. 矿渣水泥

C. 普通硅酸盐水泥　　　　　　　D. 复合水泥

15. 要求快硬早强的混凝土应优先选用的通用水泥是（　　　）。

A. 硅酸盐水泥　　　　　　　　　B. 矿渣水泥

C. 普通硅酸盐水泥 D. 复合水泥

16. 大体积混凝土不宜使用的水泥是（ ）。

A. 普通水泥 B. 矿渣水泥

C. 粉煤灰水泥 D. 硅酸盐水泥

17. 袋装水泥每袋（ ）kg。

A. 净重 25 B. 毛重 25

C. 净重 50 D. 毛重 50

18. 水泥包装袋两侧应根据水泥的品种采用不同的颜色印刷水泥名称和强度等级，代表硅酸盐水泥的是（ ）。

A. 红色 B. 黑色

C. 蓝色 D. 绿色

19. 按相关规范规定，建筑水泥的存放期通常为（ ）个月。

A. 1 B. 2

C. 3 D. 6

二、多项选择题（每题的备选项中，有 2 个或 2 个以上符合题意，至少有 1 个错项）

1. 下列水泥属于通用水泥的包括（ ）。

A. 硅酸盐水泥 B. 粉煤灰水泥

C. 火山灰水泥 D. 硫铝酸盐水泥

E. 快硬水泥

2. 《水泥的命名原则与术语》GB/T 4131—2014 将水泥按照其用途及性能进行分类，可分为（ ）。

A. 通用水泥 B. 专用水泥

C. 特性水泥 D. 特种水泥

E. 硅酸盐水泥

3. 普通硅酸盐水泥的强度等级有（ ）。

A. 32.5R B. 42.5

C. 42.5R D. 52.5

E. 52.5R

4. 关于通用水泥凝结时间的说法，正确的有（ ）。

A. 通用水泥的初凝时间均不得短于 30min

B. 硅酸盐水泥的终凝时间不得长于 6.5h

C. 粉煤灰水泥的终凝时间不得长于 10h

D. 火山灰水泥的终凝时间不得长于 12h

E. 矿渣水泥的终凝时间不得长于 15h

5. 按照国家标准规定，确定水泥强度等级的测试指标有（ ）。

A. 3d 的抗压强度　　　　　　　B. 3d 的抗折强度

C. 7d 的抗压强度和抗折强度　　D. 28d 的抗压强度

E. 28d 的抗折强度

6. 关于硅酸盐水泥主要特性的说法，正确的有（　　）。

A. 早期强度高　　　　　　　　B. 抗冻性好

C. 耐热性差　　　　　　　　　D. 耐腐蚀性好

E. 干缩性较大

7. 普通水泥的主要特性有（　　）。

A. 早期强度高　　　　　　　　B. 水化热小

C. 抗冻性较好　　　　　　　　D. 耐热性较差

E. 干缩性较小

8. 粉煤灰水泥的特性主要是（　　）。

A. 水化热较小　　　　　　　　B. 抗冻性好

C. 抗裂性较高　　　　　　　　D. 干缩性较大

E. 耐腐蚀性较好

9. 通用水泥中，具有凝结硬化慢、早期强度低、后期强度增长较快特点的有（　　）。

A. 普通水泥　　　　　　　　　B. 硅酸盐水泥

C. 矿渣水泥　　　　　　　　　D. 粉煤灰水泥

E. 火山灰水泥

10. 通用水泥中，具有抗冻性差特点的有（　　）。

A. 硅酸盐水泥　　　　　　　　B. 普通水泥

C. 矿渣水泥　　　　　　　　　D. 火山灰水泥

E. 粉煤灰水泥

11. 通用水泥中，具有耐蚀性较好特点的有（　　）。

A. 硅酸盐水泥　　　　　　　　B. 普通水泥

C. 矿渣水泥　　　　　　　　　D. 火山灰水泥

E. 粉煤灰水泥

12. 通用水泥中，具有干缩性较小特点的有（　　）。

A. 硅酸盐水泥　　　　　　　　B. 普通水泥

C. 矿渣水泥　　　　　　　　　D. 火山灰水泥

E. 粉煤灰水泥

13. 高湿度环境中或长期处于水中的混凝土优先选用的通用水泥有（　　）。

A. 矿渣水泥　　　　　　　　　B. 火山灰水泥

C. 粉煤灰水泥　　　　　　　　D. 复合水泥

E. 硅酸盐水泥

14. 厚大体积混凝土优先选用的通用水泥有（　　）。

A. 矿渣水泥　　　　　　　　　B. 火山灰水泥

C. 粉煤灰水泥　　　　　　　　D. 复合水泥

E. 硅酸盐水泥

15. 有抗渗要求的混凝土优先选用的通用水泥有（　　）。

A. 矿渣水泥　　　　　　　　B. 火山灰水泥

C. 普通水泥　　　　　　　　D. 复合水泥

E. 硅酸盐水泥

16. 有耐磨要求的混凝土优先选用的通用水泥有（　　）。

A. 矿渣水泥　　　　　　　　B. 火山灰水泥

C. 普通水泥　　　　　　　　D. 硅酸盐水泥

E. 复合水泥

2.2　石灰的性能及应用

石灰是生石灰、消石灰和石灰膏等的统称，是建筑上使用较早的胶凝材料之一。由于生产石灰的原料来源广泛，生产工艺简单，造价低，胶结性能好，使用方便，至今仍广泛应用于建筑工程中。

2.2.1　石灰的原料及生产

将主要成分为碳酸钙（$CaCO_3$）的石灰石、白云石、白垩、贝壳（如图 2-15 所示）等原料，在适当的温度下煅烧（通常有立窑和回转窑，如图 2-16 所示），所得的以氧化钙（CaO）为主要成分的产品即为石灰，又称生石灰。其化学反应式如下：

（a）　　　　　　（b）　　　　　　（c）　　　　　　（d）

图 2-15　生石灰原料

（a）石灰石；（b）白云石；（c）白垩；（d）贝壳

（a）　　　　　　　　　　　　　　（b）

图 2-16　石灰的煅烧

（a）立窑；（b）回转窑

$$CaCO_3 \xrightarrow{900\sim1100℃} CaO+CO_2 \uparrow$$

煅烧出来的生石灰呈块状，称为块灰（如图 2-17 所示），块灰经磨细后成为生石灰粉（如图 2-18 所示）。

图 2-17　生石灰块

图 2-18　生石灰粉

因实际生产中煅烧温度或煅烧时间的不同，会产生正火石灰、过火石灰和欠火石灰，三者比较见表 2-7。

正火石灰、过火石灰、欠火石灰　　　　　　　　　　表 2-7

名称	产生原因	颜色	结构	与水作用	带来影响	解决办法
正火石灰	900～1100℃温度下经过一定时间煅烧	白色或灰白色	疏松多孔，晶粒细小，表观密度小	反应速度快	—	
过火石灰	煅烧温度过高或煅烧时间过长	灰黑色	结构密实，表观密度较大，表面常包覆一层熔融物，与水反应（即熟化）较慢	反应速度慢	熟化较慢，若在石灰浆体硬化后再发生熟化，会因熟化产生的膨胀而引起"崩裂"或"鼓泡"现象，严重影响工程质量	石灰浆在储灰池中"陈伏"两周以上，使之充分熟化，陈伏期间，石灰膏表面应留有一层水，隔绝空气，避免与空气中的二氧化碳发生碳化反应
欠火石灰	煅烧温度过低、煅烧时间不充足或原石尺寸过大	青灰色	晶粒粗大，残留有未烧透的石头内核（实质上是未完全分解的石灰）	产浆量低	需先用筛网等除去尺寸较大的内核，会造成经济上损失，但对施工质量影响不大	加强材料购买和验收

2.2.2　石灰的熟化

生石灰（CaO）与水反应生成氢氧化钙（熟石灰，又称消石灰）的过程，称为石灰的熟化或消解（消化）。

$$CaO + H_2O \longrightarrow Ca(OH)_2 + 64.8kJ$$

石灰熟化的特点：速度快，体积膨胀 1～2.5 倍，熟化过程中会放出大量的热。

生石灰（块灰）不能直接用于工程，使用前需要在储灰池中进行熟化，如图 2-19 所示。

图 2-19　储灰池

根据加水量的不同，石灰可熟化成消石灰粉［如图 2-20（a）所示］或石灰膏［如图 2-20（b）所示］，具体流程如图 2-21 所示。

(a)　　　　　　　　　　(b)

图 2-20　石灰熟化

（a）消石灰粉；（b）石灰膏

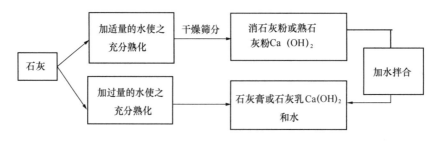

图 2-21　石灰熟化流程图

2.2.3　石灰的硬化

石灰浆体的硬化包括干燥、结晶和碳化三个交错进行的过程，见表 2-8。

石灰的硬化   表 2-8

名称	反应过程	强度变化	特点
干燥过程	多余水分蒸发或被砌体吸收	有一定强度	① 结晶自里向表，碳化自表向里； ② 速度慢（通常需要几周的时间）； ③ 体积收缩大（容易产生收缩裂缝）
结晶过程	游离水分蒸发，结晶析出 $Ca(OH)_2$	强度继续增加	
碳化过程	$Ca(OH)_2$ 与空气中的 CO_2 和 H_2O 化合成晶体	强度进一步提高	

2.2.4 石灰的技术性质

石灰的技术性质见表 2-9。

石灰的技术性质   表 2-9

石灰的性质	应　　用
保水性好	在水泥砂浆中掺入石灰膏，配成混合砂浆，可显著提高砂浆的和易性
硬化较慢、强度低	1:3 的石灰砂浆 28d 抗压强度通常只有 $0.2\sim0.5MPa$
耐水性差	石灰不宜在潮湿的环境中使用，也不宜单独用于建筑物基础
硬化时体积收缩大	除调成石灰乳作粉刷外，不宜单独使用，工程上通常要掺入砂、纸筋、麻刀等材料以减小收缩，并节约石灰
生石灰吸湿性强	储存生石灰不仅要防止受潮，而且也不宜储存过久

2.2.5 石灰的应用

石灰在建筑工程中的应用主要体现在以下方面：

（1）石灰膏、砂、水混合可制成石灰砂浆，用于墙体抹灰，如图 2-22 所示。

（2）石灰膏、砂、水泥、水混合可制成混合砂浆，用于砌筑砂浆，如图 2-23 所示。

图 2-22　墙体抹灰

图 2-23　砌筑砂浆

（3）石灰加水混合可制成石灰乳，用于内墙和顶棚的粉刷，如图 2-24 所示。

（4）消石灰粉、粉质黏土混合成 2:8 或 3:7 灰土，用作地基的处理，如图 2-25 所示。

（5）石灰可作为生产硅酸盐制品、蒸压灰砂砖等的原材料。

2.2.6 建筑石灰的保管与验收

当前鉴于节能环保、绿色施工的要求，建筑生石灰粉（如图 2-26 所示）、建筑消石灰粉（如图 2-27 所示）、建筑石灰膏（如图 2-28 所示）一般采用袋装，可以采用符合标准规定的牛皮纸、复合纸袋或塑料编织袋包装，袋上应标明厂名、产品名称、商标、净重、执行标准等内容。

图 2-24　墙体粉刷　　　　　　　　　图 2-25　灰土

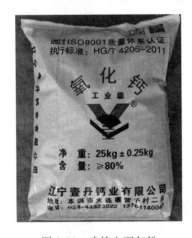

图 2-26　建筑生石灰粉　　　　　　图 2-27　建筑消石灰粉

建筑生石灰是自热材料，不应与易燃、易爆和液体物品混装，在运输和储存时不应受潮和混入杂物。石灰应分类、分等级存放在干燥的仓库内，不宜长期存储。块状生石灰通常进场后立即熟化，将保管期变为"陈伏"期。陈伏期间石灰膏上部要覆盖一层水，使其与空气隔绝，避免碳化。

《砌体结构工程施工质量验收规范》GB 50203—2011 要求拌制水泥混合砂浆的建筑生石灰、建筑生石灰粉及石灰膏应符合下列规定：建筑生石灰、建筑生石灰粉熟化为石灰膏，其熟化时间分别不得少于 7d 和 2d；沉淀池中储存的石灰膏，应防止干燥、冻结和污染，严禁采用脱水硬化的石灰膏；建筑生石灰粉、消石灰粉不得替代石灰膏配置水泥石灰砂浆。

图 2-28　建筑石灰膏

《建筑地基处理技术规范》JGJ 79—2012 规定：2∶8 或 3∶7 灰土中的石灰宜选用新鲜的消石灰，其最大粒径不得大于 5mm。

本节现行常用标准目录

1. 《建筑生石灰》JC/T 479—2013
2. 《建筑消石灰》JC/T 481—2013
3. 《石灰取样方法》JC/T 620—2009
4. 《砌体结构工程施工质量验收规范》GB 50203—2011
5. 《建筑地基处理技术规范》JGJ 79—2012

习　题

一、单项选择题（每题的备选项中，只有 1 个最符合题意）

1. 生石灰的主要成分是（　　）。

A. $CaCO_3$　　　　　　　　　　　B. CaO

C. $Ca(OH)_2$　　　　　　　　　　D. CaO 或 $Ca(OH)_2$

2. 石灰粉刷的墙面出现鼓泡现象是由（　　）引起的。

A. 欠火石灰　　　　　　　　　　　B. 过火石灰

C. 石膏　　　　　　　　　　　　　D. 含泥量

3. 石灰熟化过程中会出现（　　）现象。

A. 放出热量，体积缩小　　　　　　B. 放出热量，体积增大

C. 吸收热量，体积缩小　　　　　　D. 吸收热量，体积增大

4. 不能直接用于工程的材料是（　　）。

A. 水泥　　　　　　　　　　　　　B. 生石灰（块灰）

C. 三合土　　　　　　　　　　　　D. 粉刷石膏

5. 关于石灰硬化的特点，下列说法正确的是（　　）。

A. 结晶自表向里　　　　　　　　　B. 碳化自里向表

C. 速度快　　　　　　　　　　　　D. 体积收缩大

6. 在水泥砂浆中掺入石灰膏，配成混合砂浆，可显著提高砂浆的和易性，对应石灰的技术性质是（　　）。

A. 保水性好　　　　　　　　　　　B. 耐水性差

C. 硬化时体积收缩大　　　　　　　D. 硬化较慢

二、多项选择题（每题的备选项中，有 2 个或 2 个以上符合题意，至少有 1 个错项）

1. 石灰的技术性质有（　　）。

A. 保水性好　　　　　　　　　　　B. 强度低

C. 耐水性好　　　　　　　　　　　D. 吸湿性强

E. 硬化时体积收缩小

2. 石灰浆体的硬化包括( )三个交错进行的过程。

A. 干燥

B. 结晶

C. 碳化

D. 保水

E. 收缩

2.3 混凝土的性能及应用

混凝土是目前人类社会使用量最大的建筑材料，被广泛应用于各种建筑物和构筑物。近几十年来，随着原材料的变化、生产和应用技术水平的提高，混凝土材料的性能和应用形式发生了较大变化。传统的混凝土原材料有水泥、粗骨料、细骨料和水四种。随着混凝土技术的进步，外加剂和矿物掺合料逐步成为混凝土不可或缺的第五、第六组分。

2.3.1 混凝土定义与分类

《建筑材料术语标准》JGJ/T 191—2009 规定，混凝土是以水泥、骨料和水为主要原材料，也可加入外加剂和矿物掺合料等材料，经拌合、成型、养护等工艺制作的，硬化后具有强度的工程材料。具体分类如图 2-29 所示：

下面以普通混凝土（在建工行业，特指水泥混凝土）为重点，介绍混凝土的组成材料、技术性能、混凝土的养护以及混凝土的进场检验与复试。

2.3.2 混凝土组成材料的技术要求

表观密度为 $2000 \sim 2800 \text{kg/m}^3$ 的普通混凝土是目前工程上大量使用的混凝土品种。普通混凝土（以下简称混凝土）一般是由水泥、砂、石和水所组成。为改善混凝土的某些性能，

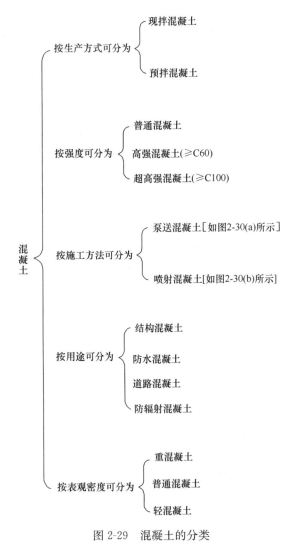

图 2-29 混凝土的分类

(a) (b)

图 2-30 各类混凝土
(a) 泵送混凝土；(b) 喷射混凝土

还常加入适量的外加剂和掺合料。在混凝土中，砂、石起骨架作用，称为骨料或集料；水泥与水形成水泥浆，包裹在骨料的表面并填充其空隙。在混凝土硬化前，水泥浆、外加剂与掺合料起润滑作用，赋予拌合物一定的流动性，便于施工操作。水泥浆硬化后，则将砂、石骨料胶结成一个结实的整体。砂、石一般不参与水泥与水的化学反应，其主要作用是节约水泥、承担荷载和限制硬化水泥的收缩。外加剂、掺合料，除了起到改善混凝土性能的作用外，还有节约水泥的作用。

1. 水泥

配制普通混凝土的水泥，可采用六大通用硅酸盐水泥（详见第 2.1 节），必要时也可采用快硬硅酸盐水泥或其他品种水泥。水泥品种的选用应根据混凝土工程特点、所处环境条件及设计施工的要求进行。

水泥强度等级的选择，应与混凝土的设计强度等级相适应。一般以水泥强度等级为混凝土强度等级的 1.5～2.0 倍为宜，对于高强度等级混凝土可取 0.9～1.5 倍。用低强度等级水泥配制高强度等级混凝土时，会使水泥用量过大，不经济，而且还会影响混凝土的其他技术性质。用高强度等级水泥配制低强度等级混凝土时，会使水泥用量偏少，影响和易性及密实度，导致该混凝土耐久性差，故必须这么做时，应掺入一定数量的掺合料。

2. 细骨料

细骨料在普通混凝土中指的是砂。砂可分为天然砂 [如图 2-31 (a) 所示]、人工砂 [如图 2-31 (b) 所示] 和混合砂三类。《普通混凝土用砂、石质量及检验方法标准》JGJ 52—2006 规定：天然砂是指由自然条件作用而形成的，公称粒径小于 5mm 的岩石颗粒。按其产源不同，可分为河砂、海砂和山砂。人工砂（工程中也称为机制砂）是指岩石经除土开采、机械破碎、筛分而成的，公称粒径小于 5mm 的岩石颗粒。因河砂干净，又符合有关标准的要求，所以在配制混凝土时最常用。

由于天然砂资源日益减少，混凝土用砂的供需矛盾日益突出。为了解决天然砂供不应求的问题，从 20 世纪 70 年代起，贵州省首先在建筑工程上广泛使用人工砂，进而在全国范围内推广使用。目前，各地区已相继制定了人工砂标准及规定。实践证明人工砂配制混凝土的技术是可靠的，给建筑工程带来经济与质量的双赢。

混合砂的使用是为了克服机制砂粗糙、天然砂细度模数偏细的缺点。采用人工砂与天

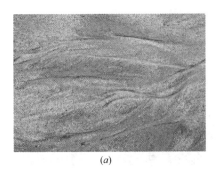

(a)   (b)

图 2-31　细骨料
(a) 天然砂；(b) 人工砂

然砂混合，其混合的比例可按混凝土拌合物的工作性及所要求的细度模数进行调整，以满足不同要求的混凝土。

混凝土用细骨料的技术要求有以下几方面：

(1) 颗粒级配

砂的颗粒级配是指砂中大小不同的颗粒相互搭配情况。在混凝土中，砂粒之间的空隙是由水泥浆所填充的，为达到节约水泥和提高强度的目的，就应尽量减小砂粒之间的空隙。砂的级配越好，则砂粒之间的搭配密实，空隙率小，配制的混凝土密实，并节约水泥。砂的级配越差，配制混凝土时越易出现离析、泌水现象，很难保证混凝土质量。

砂的颗粒级配和粗细程度通过筛分析的方法进行测定。试验筛是用一套公称直径为 10.0mm、5.00mm、2.50mm、1.25mm、0.63mm、0.315mm 及 0.16mm 的标准方孔筛各一只，如图 2-32 所示。试验前应先将试样通过公称直径 10.0mm 的方孔筛，并计算筛余。称取经缩分后样品不少于 550g 两份，分别装入两个浅盘，在 105±5℃的温度下烘干至恒重，冷却至室温备用。接下来准确称取烘干试样 500g（特细砂可称 250g），置于按筛孔大小顺序排列（大孔在上，小孔在下）的套筛的最上一只筛（公称直径为 5.00mm 的方孔筛）上；将套筛装入摇筛机内固紧，筛分 10min；然后取出套筛，再按筛孔由大到小的顺序，在清洁的浅盘上逐一进行手筛，直至每分钟的筛出量不超过试样总量的 0.1％时

图 2-32　试验筛

52

为止；通过的颗粒并入下一只筛子，并和下一只筛子中的试样一起进行手筛。按这样的顺序进行，直至所有的筛子全部筛完为止。

然后称得余留在各个筛上的砂的质量，记为 m_1、m_2、m_3、m_4、m_5、m_6，分别计算各筛上的分计筛余百分率（各筛上的筛余量占砂样总重的百分比）a_1、a_2、a_3、a_4、a_5、a_6 及累计筛余百分率（各筛的分计筛余百分率加上大于该筛的分计筛余百分率之和）β_1、β_2、β_3、β_4、β_5、β_6。分计筛余百分率与累计筛余百分率的关系详见表2-10。

分计筛余百分率与累计筛余百分率的关系 　　　　　　　　　　表 2-10

试验筛公称直径（mm）	分计筛余百分率（%）	累计筛余百分率（%）
5.00	a_1	$\beta_1 = a_1$
2.50	a_2	$\beta_2 = a_1 + a_2$
1.25	a_3	$\beta_3 = a_1 + a_2 + a_3$
0.63	a_4	$\beta_4 = a_1 + a_2 + a_3 + a_4$
0.315	a_5	$\beta_5 = a_1 + a_2 + a_3 + a_4 + a_5$
0.16	a_6	$\beta_6 = a_1 + a_2 + a_3 + a_4 + a_5 + a_6$

除特细砂外，砂的颗粒级配可按公称直径 0.63mm 的标准筛累计筛余百分率，分成三个级配区（Ⅰ区砂是粗砂、Ⅱ区砂为中砂、Ⅲ区砂为细砂，见表2-11），且砂的颗粒级配应处于表2-11 中的某一区内。砂的实际颗粒级配与表2-11 中的累计筛余相比，除公称直径为 5.00mm 和 0.63mm 的累计筛余百分率外，其余公称直径的累计筛余百分率可稍有超出分界线，但总超出量不应大于 5%。

砂颗粒级配区的规定 　　　　　　　　　　　　表 2-11

公称直径（mm）	累计筛余		
	Ⅰ区	Ⅱ区	Ⅲ区
10.0	0	0	0
5.00	10~0	10~0	10~0
2.50	35~5	25~0	15~0
1.25	65~35	50~10	25~0
0.63	85~71	70~41	40~16
0.315	95~80	92~70	85~55
0.16	100~90	100~90	100~90

配制混凝土时宜优先选用Ⅱ区砂。当采用Ⅰ区砂时，应提高砂率，并保持足够的水泥用量，以满足混凝土和易性的要求；当采用Ⅲ区砂时，宜适当降低砂率，以保证混凝土的强度。对于泵送混凝土，宜选用中砂。

（2）粗细程度

粗细程度是指不同粒径砂粒混合在一起的总体粗细程度。在相同质量的条件下，粗砂的总表面积小，包裹砂表面所需的水泥浆量就少；反之细砂的总表面积大，包裹砂表面所需的水泥浆量就多。砂的粗细程度通常用细度模数 μ_f 表示，可通过累计筛余百分率计算而得，其计算公式如下：

$$\mu_f = \frac{(\beta_2 + \beta_3 + \beta_4 + \beta_5 + \beta_6) - 5\beta_1}{100 - \beta_1} \tag{2-1}$$

细度模数越大，砂颗粒越粗，总表面积越小，配制混凝土易离析、泌水。细度模数越小，砂颗粒越细，总表面积越大，配制混凝土的水泥用量增多，并且混凝土收缩增大。砂的粗细程度根据细度模数值分为粗砂（μ_f＝3.7～3.1）、中砂（μ_f＝3.0～2.3）、细砂（μ_f＝2.2～1.6）、特细砂（μ_f＝1.5～0.7）。

在选择混凝土用砂时，砂的颗粒级配和粗细程度应同时考虑。当砂含有较多的粗颗粒，并以适当的中颗粒及少量的细颗粒填充其空隙，则既具有较小的空隙率又具有较小的总表面积，这样不仅水泥用量少，而且还可以提高混凝土的密实性与强度。

如何进行筛分试验呢？

（3）有害杂质和碱活性

混凝土用砂要求洁净、有害杂质少。砂中所含有的泥块、石粉、云母、轻物质、有机物、硫化物、硫酸盐等，都会对混凝土的性能有不利的影响，属于有害杂质，需要控制其含量不超过《普通混凝土用砂、石质量及检验方法标准》JGJ 52—2006 的规定。

对于长期处于潮湿环境的重要混凝土结构用砂，应采用砂浆棒（快速法）或砂浆长度法进行骨料的碱活性检验。经上述检验判断为有潜在危害时，应控制混凝土中的碱含量不超过 3kg/m³，或采用能抑制碱—骨料反应的有效措施。

（4）坚固性

砂的坚固性是指砂在气候、环境变化或其他物理因素作用下抵抗破裂的能力。砂的坚固性用硫酸钠溶液检验，试样经 5 次循环后其质量损失应符合《普通混凝土用砂、石质量及检验方法标准》JGJ 52—2006 的规定。

3. 粗骨料

普通混凝土常用的粗骨料有碎石和卵石。《普通混凝土用砂、石质量及检验方法标准》JGJ 52—2006 规定：卵石是由自然风化、水流搬运和分选、堆积形成的，粒径大于 5.00mm 的岩石颗粒，如图 2-33（a）所示；碎石是天然岩石、卵石或矿山废石经机械破碎、筛分制成的，粒径大于 5.00mm 的岩石颗粒，如图 2-33（b）所示。

混凝土用粗骨料的技术要求有以下几方面：

（1）颗粒级配及最大粒径

粗骨料的颗粒级配原理与细骨料相同，要求不同粒径的大小颗粒搭配适当，以使粗骨料的空隙率和总表面积比较小，这样使得混凝土水泥用量少，密实度也较好，有利于改善混凝土拌合物的和易性和提高混凝土强度，粗骨料宜选用连续级配。对于高强度混凝土，粗骨料的级配尤为重要。

粗骨料中公称粒级的上限称为最大粒径。当骨料粒径增大时，其比表面积减小，混凝土的水泥用量也减少，故在满足技术要求的前提下，粗骨料的最大粒径应尽量选大一些。

(a)   (b)

图 2-33　粗骨料

(a) 卵石；(b) 碎石

在钢筋混凝土结构工程中，粗骨料的最大粒径不得超过结构截面最小尺寸的 1/4，同时不得大于钢筋间最小净距的 3/4。对于混凝土实心板，可允许采用最大粒径达 1/3 板厚的骨料，但最大粒径不得超过 40mm。对于采用泵送的混凝土，碎石的最大粒径应不大于输送管径的 1/3，卵石的最大粒径应不大于输送管径的 1/2.5。

（2）强度和坚固性

碎石的强度可用岩石的抗压强度和压碎值指标表示。岩石的抗压强度应比所配制的混凝土强度至少高 20％。当混凝土强度等级大于或等于 C60 时，应进行岩石抗压强度检验，岩石强度首先应由生产单位提供，工程中可采用压碎值指标进行质量控制。

卵石的强度用压碎值指标表示。压碎值应符合《普通混凝土用砂、石质量及检验方法标准》JGJ 52—2006 的规定。

碎石和卵石的坚固性应用硫酸钠溶液法检验，试样经 5 次循环后，质量损失应符合《普通混凝土用砂、石质量及检验方法标准》JGJ 52—2006 的规定。

（3）有害杂质和针、片状颗粒

粗骨料中针、片状颗粒含量、含泥量、泥块含量等应符合《普通混凝土用砂、石质量及检验方法标准》JGJ 52—2006 的规定。当碎石或卵石中含有颗粒状硫酸盐或硫化物杂质时，应进行专门检验，确认能满足混凝土耐久性要求后，方可采用。

对于长期处于潮湿环境的重要结构混凝土，其所使用的碎石或卵石应进行碱活性检验。

现场如果需要砂、石，应该如何见证取样呢？

4. 水

根据《混凝土用水标准》JGJ 63—2006，混凝土用水是指混凝土拌合用水和混凝土养护用水的总称，包括：饮用水、地表水、地下水、再生水、混凝土企业设备洗刷水和海水等。符合现行国家标准《生活饮用水卫生标准》GB 5749—2006 要求的饮用水，可不经检验作为混凝土用水。地表水、地下水、再生水、混凝土企业设备洗刷水和海水等非饮用水作为混凝土拌合用水或养护用水时，应经过检测符合《混凝土用水标准》JGJ 63—2006 的有关规定。满足混凝土拌合用水要求即可满足混凝土养护用水要求；混凝土养护用水要求略低于混凝土拌合用水要求。

5. 外加剂

（1）外加剂的定义与分类

《混凝土外加剂定义、分类、命名与术语》GB/T 8075—2005 中规定：混凝土外加剂是一种在混凝土搅拌之前或拌制过程中加入的、用于改善混凝土和（或）硬化混凝土性能的材料。混凝土外加剂按其主要使用功能分为四类：

1）改善混凝土拌合物流变性能的外加剂。包括各种减水剂、引气剂和泵送剂等。

2）调节混凝土凝结时间、硬化性能的外加剂。包括缓凝剂、早强剂和速凝剂等。

3）改善混凝土耐久性的外加剂。包括引气剂、防水剂和阻锈剂等。

4）改善混凝土其他性能的外加剂。包括膨胀剂、防冻剂、着色剂等。

（2）工程常用外加剂

目前建筑工程中应用较多和较成熟的外加剂有减水剂（如图 2-34 所示）、早强剂、缓凝剂、引气剂、膨胀剂、防冻剂、泵送剂、防水剂等。关于外加剂的使用可参考《混凝土外加剂应用技术规范》GB 50119—2013 和《混凝土外加剂》GB 8076—2008。

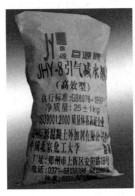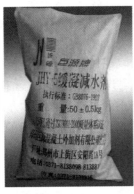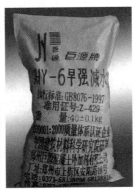

图 2-34　减水剂

1）混凝土中掺入减水剂，若不减少拌合用水量，能显著提高拌合物的流动性；当减水而不减少水泥时，可提高混凝土强度；若减水的同时适当减少水泥用量，则可节约水泥。同时，混凝土的耐久性也能得到显著改善。

2）早强剂可加速混凝土硬化和早期强度发展，缩短养护周期，加快施工进度，提高模板周转率。多用于冬期施工或紧急抢修工程。

3）缓凝剂主要用于高温季节混凝土、大体积混凝土、泵送与滑模方法施工以及远距离运输的商品混凝土等，不宜用于日最低气温 5℃ 以下施工的混凝土，也不宜用于有早强要求的混凝土和蒸汽养护的混凝土。缓凝剂的水泥品种适应性十分明显，不同品种水泥的缓凝效果不相同，甚至会出现相反的效果。因此，使用前必须进行试验，检测其缓凝效果。

4）引气剂是在搅拌混凝土过程中能引入大量均匀分布、稳定而封闭的微小气泡的外加剂。引气剂可改善混凝土拌合物的和易性，减少泌水离析，并能提高混凝土的抗渗性和抗冻性。同时，含气量的增加，混凝土弹性模量降低，对提高混凝土的抗裂性有利。由于大量微气泡的存在，混凝土的抗压强度会有所降低。引气剂适用于抗冻、防渗、抗硫酸盐、泌水严重的混凝土等。

5）膨胀剂能使混凝土在硬化过程中产生微量体积膨胀。膨胀剂主要有硫铝酸钙类、氧化钙类、金属类等。膨胀剂适用于补偿收缩混凝土、填充用膨胀混凝土、灌浆用膨胀砂浆、自应力混凝土等。含硫铝酸钙类、硫铝酸钙—氧化钙类膨胀剂配制的混凝土（砂浆）不得用于长期环境温度为 80℃ 以上的工程；含氧化钙类膨胀剂配制的混凝土（砂浆）不得用于海水或有侵蚀性水的工程。

6）防冻剂在规定的温度下，能显著降低混凝土中水的冰点，使混凝土液相不冻结或仅部分冻结，从而保证水泥的水化作用，并在一定时间内获得预期强度。含亚硝酸盐、碳酸盐的防冻剂严禁用于预应力混凝土结构；含有六价铬盐、亚硝酸盐等有害成分的防冻剂，严禁用于饮用水工程及与食品相接触的工程，严禁食用；含有硝铵、尿素等产生刺激性气味的防冻剂，严禁用于办公、居住等建筑工程。

7）泵送剂是用于改善混凝土泵送性能的外加剂。它由减水剂、调凝剂、引气剂、润滑剂等多种组分复合而成。泵送剂适用于工业与民用建筑及其他构筑物的泵送施工的混凝土；特别适用于大体积混凝土、高层建筑和超高层建筑；适用于滑模施工等；也适用于水下灌注桩混凝土。

（3）外加剂使用注意事项

外加剂的使用效果受到多种因素的影响，因此，选用外加剂时应特别予以注意以下事项：

1）外加剂的品种应根据工程设计和施工要求选择，所选用的外加剂应有供货单位提供的下列技术文件：产品说明书，并应标明产品主要成分；出厂检验报告及合格证；掺外加剂混凝土性能检验报告。

2）几种外加剂复合使用时，应注意不同品种外加剂之间的相容性及对混凝土性能的影响。使用前应进行试验，满足要求后，方可使用。例如，聚羧酸系高性能减水剂与萘系减水剂不宜复合使用。

3）严禁使用对人体产生危害、对环境产生污染的外加剂。用户应注意工厂提供的混凝土外加剂安全防护措施的有关资料，并遵照执行。

4）对钢筋混凝土和有耐久性要求的混凝土，应按有关标准规定严格控制混凝土中氯离子含量和碱的数量。混凝土中氯离子含量和总碱量是指其各种原材料所含氯离子和碱含量之和。

5）由于聚羧酸系高性能减水剂的添加量对混凝土性能影响较大，用户应注意按照有关规定准确计量。

6. 矿物掺合料

为改善混凝土性能、节约水泥、调节混凝土强度等级，在混凝土拌合时加入的天然的或人工的矿物材料，统称为混凝土掺合料。混凝土掺合料分为活性矿物掺合料和非活性矿物掺合料。非活性矿物掺合料基本不与水泥组分起反应，如磨细石英砂、石灰石、硬矿渣等材料。活性矿物掺合料本身不硬化或硬化速度很慢，但能与水泥水化生成的 $Ca(OH)_2$ 起反应，生成具有胶凝能力的水化产物，如粉煤灰、粒化高炉矿渣粉、硅灰、沸石粉等。粉煤灰来源广泛，是当前用量最大、使用范围最广的混凝土掺合料。

2.3.3 混凝土的技术性能

混凝土的各组成材料按一定比例配合，均匀搅拌在一起形成的塑性状态混合物，称为混凝土拌合物。混凝土拌合物必须具有良好的和易性，便于施工，以保证能获得良好的浇筑质量；混凝土拌合物凝结硬化后，应具有足够的强度，以保证建筑物能安全地承受设计荷载，并应具有必要的耐久性。

1. 混凝土拌合物的和易性

和易性是指混凝土拌合物易于施工操作（搅拌、运输、浇筑、捣实）并能获得质量均匀、成型密实的性能，又称工作性。和易性是一项综合的技术性质，包括流动性、粘聚性和保水性等三方面的含义。流动性是指混凝土拌合物在自重或机械振捣的作用下，能产生流动，并均匀密实地填满模板的性能；粘聚性是指在混凝土拌合物的组成材料之间有一定的粘聚力，在施工过程中不致发生分层和离析现象（如图 2-35 所示）的性能；保水性是指混凝土拌合物具有一定的保水能力，在施工过程中不致产生严重泌水现象（如图 2-36 所示）的性能。

图 2-35　混凝土离析现象

图 2-36　混凝土泌水现象

根据《普通混凝土拌合物性能试验方法标准》GB/T 50080—2016：

（1）骨料最大公称粒径不大于 40mm、坍落度不小于 10mm 的混凝土拌合物，适用坍落度试验。

（2）骨料最大公称粒径不大于 40mm、坍落度不小于 160mm 的混凝土拌合物，适用扩展度试验。

（3）骨料最大公称粒径不大于 40mm，维勃稠度在 5～30s 的混凝土拌合物的稠度，坍落度不大于 50mm 或干硬性混凝土（坍落度小于 10mm）和维勃稠度大于 30s 的特干硬性混凝土拌合物的稠度，适用维勃稠度试验。

工地上常用坍落度试验来测定混凝土拌合物的坍落度或坍落扩展度，作为流动性指标，坍落度或坍落扩展度越大表示流动性越大。对坍落度值<10mm的干硬性混凝土拌合物，则用维勃稠度试验测定其稠度作为流动性指标，稠度值越大表示流动性越小。《混凝土结构工程施工质量验收规范》GB 50204—2015指出，在现场测定的混凝土坍落度大于220mm时，还应测量坍落扩展度。混凝土拌合物的粘聚性和保水性主要通过目测结合经验进行评定。

工地现场是如何测量坍落度和坍落扩展度的呢？

影响混凝土拌合物和易性的主要因素包括单位体积用水量、砂率、组成材料的性质、时间和温度等。单位体积用水量决定水泥浆的数量和稠度，它是影响混凝土和易性的最主要因素。砂率是指混凝土中砂的质量占砂、石总质量的百分率。组成材料的性质包括水泥的需水量和泌水性、骨料的特性、外加剂和掺合料的特性等几方面。

2. 混凝土的强度

《混凝土强度检验评定标准》GB/T 50107—2010中规定，混凝土强度是指混凝土的力学性能，表征其抵抗外力作用的能力。

（1）混凝土立方体抗压强度

按国家标准《普通混凝土力学性能试验方法标准》GB/T 50081—2002的规定，制作边长为150mm的立方体试件，在标准条件（温度20±2℃，相对湿度95％以上）下，养护到28d龄期，测得的抗压强度值为混凝土立方体试件抗压强度，以f_{cu}表示，单位为N/mm^{2}或MPa。

（2）混凝土立方体抗压强度标准值与强度等级

混凝土立方体抗压强度标准值是指按标准方法制作和养护的边长为150mm的立方体试件，在28d或设计规定的龄期（由于粉煤灰等矿物掺合料在水泥及混凝土中大量应用，以及近年混凝土工程发展的实际情况，确定混凝土立方体抗压强度标准值的试验龄期不仅限于28d，可由设计根据具体情况适当延长），用标准试验方法测得的具有95％保证率的抗压强度值，以$f_{cu,k}$表示。

混凝土强度等级是按混凝土立方体抗压强度标准值来划分的，采用符号C与立方体抗压强度标准值（单位为MPa）表示。现行国家标准《混凝土结构设计规范（2015年版）》GB 50010—2010规定的混凝土强度等级有：C15、C20、C25、C30、C35、C40、C45、C50、C55、C60、C65、C70、C75和C80共14个等级。强度标准值以5N/mm^{2}分段划分，并以其下限值作为示值。C30 即表示混凝土立方体抗压强度标准值 30MPa ≤ $f_{cu,k}$ < 35MPa。混凝土强度等级是施工质量控制和工程验收的重要依据。

（3）混凝土的轴心抗压强度

轴心抗压强度的测定采用 150mm×150mm×300mm 棱柱体作为标准试件，用 f_{cp} 表示。试验表明，在立方体抗压强度 f_{cu} = 10～55MPa 的范围内，轴心抗压强度 f_{cp} = (0.70～0.80)f_{cu}，一般取 0.76。

结构设计中混凝土受压构件的计算采用混凝土的轴心抗压强度，更加符合工程实际。混凝土轴心抗压强度标准值见表 2-12。

混凝土轴心抗压强度标准值　　　　　　　　　　　　　　　　　　表 2-12

强度	混凝土强度等级（N/mm²）													
	C15	C20	C25	C30	C35	C40	C45	C50	C55	C60	C65	C70	C75	C80
f_{ck}	10.0	13.4	16.7	20.1	23.4	26.8	29.6	32.4	35.5	38.5	41.5	44.5	47.4	50.2

（4）混凝土的抗拉强度

混凝土抗拉强度只有抗压强度的 1/20～1/10，且随着混凝土强度等级的提高，比值有所降低。在结构设计中抗拉强度是确定混凝土抗裂度的重要指标，有时也用它来间接衡量混凝土与钢筋的粘结强度等。我国采用立方体的劈裂抗拉试验来测定混凝土的劈裂抗拉强度 f_{ts}，并可换算得到混凝土的轴心抗拉强度 f_t。混凝土轴心抗拉强度标准值见表 2-13。

混凝土轴心抗拉强度标准值　　　　　　　　　　　　　　　　　　表 2-13

强度	混凝土强度等级（N/mm²）													
	C15	C20	C25	C30	C35	C40	C45	C50	C55	C60	C65	C70	C75	C80
f_{tk}	1.27	1.54	1.78	2.01	2.20	2.39	2.51	2.64	2.74	2.85	2.93	2.99	3.05	3.11

（5）影响混凝土强度的因素

影响混凝土强度的因素主要有原材料及生产工艺方面的因素。原材料方面的因素包括水泥强度与水胶比，骨料的种类、质量和数量，外加剂和掺合料；生产工艺方面的因素包括搅拌与振捣，养护的温度和湿度，龄期。

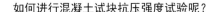

如何进行混凝土试块抗压强度试验呢？

3. 混凝土的变形性能

混凝土的变形主要分为两大类：非荷载型变形和荷载型变形。非荷载型变形指物理化学因素引起的变形，包括化学收缩、碳化收缩、干湿变形、温度变形等。荷载作用下的变形又可分为在短期荷载作用下的变形和长期荷载作用下的徐变。

4. 混凝土的耐久性

混凝土的耐久性是指混凝土抵抗环境介质作用并长期保持其良好的使用性能和外观完整性的能力。它是一个综合性概念，包括抗渗、抗冻、抗侵蚀、碳化、碱骨料反应及混凝土中的钢筋锈蚀等性能，这些性能均决定着混凝土经久耐用的程度，故称为耐久性。

（1）抗渗性。混凝土的抗渗性直接影响到混凝土的抗冻性和抗侵蚀性。根据《混凝土耐久性检验评定标准》JGJ/T 193—2009，混凝土的抗渗性用抗渗等级表示，抗渗等级分为 P4、P6、P8、P10、P12 和＞P12 六个等级，相应表示能抵抗 0.4MPa、0.6MPa、0.8MPa、1.0MPa、1.2MPa 和＞1.2MPa 的静水压力而不渗水。《普通混凝土配合比设计规程》JGJ 55—2011 规定，抗渗等级不低于 P6 的混凝土称为抗渗混凝土。混凝土的抗渗性主要与其密实度及内部孔隙的大小和构造有关。

（2）抗冻性。混凝土的抗冻性用抗冻等级表示。抗冻等级是采用龄期 28d 的试块在吸水饱和后，承受反复冻融循环，以抗压强度下降不超过 25%，而且质量损失不超过 5% 时所能承受的最大冻融循环次数来确定的。根据《混凝土耐久性检验评定标准》JGJ/T 193—2009，抗冻等级分为 F50、F100、F150、F200、F250、F300、F350、F400 和＞F400 九个等级，分别表示混凝土能够承受反复冻融循环次数为 50、100、150、200、250、300、350、400 和＞400 次。《普通混凝土配合比设计规程》JGJ 55—2011 规定，抗冻等级 F50 以上的混凝土简称抗冻混凝土。

（3）抗侵蚀性。当混凝土所处环境中含有侵蚀性介质时，要求混凝土具有抗侵蚀能力。侵蚀性介质包括软水、硫酸盐、镁盐、碳酸盐、一般酸、强碱、海水等。

（4）混凝土的碳化（中性化）。混凝土的碳化是环境中的二氧化碳与水泥石中的氢氧化钙作用，生成碳酸钙和水。碳化使混凝土的碱度降低，削弱混凝土对钢筋的保护作用，可能导致钢筋锈蚀；碳化显著增加混凝土的收缩，使混凝土抗压强度增大，但可能产生细微裂缝，而使混凝土抗拉、抗折强度降低。

（5）碱骨料反应。碱骨料反应是指水泥中的碱性氧化物含量较高时，会与骨料中所含的活性二氧化硅发生化学反应，并在骨料表面生成碱—硅酸凝胶，吸水后会产生较大的体积膨胀，导致混凝土胀裂的现象。

2.3.4 普通混凝土的配合比

混凝土的配合比是指混凝土中胶凝材料（包括水泥和活性矿物掺合料如粉煤灰、硅灰等）、粗细骨料和水等各组成材料用量之间的比例关系。常用的混凝土配合比表示方法有两种：一种是以 1m³ 混凝土中各项材料的质量来表示，如 1m³ 混凝土中胶凝材料 300kg、水 186kg、砂 693kg、石子 1236kg；另一种是以胶凝材料质量为 1，砂、石依次以相对质量比及水胶比表达，如上述可写成胶凝材料：砂子：石子＝1：2.31：4.12，水胶比为 0.62。混凝土配合比设计具体要求可参考《普通混凝土配合比设计规程》JGJ 55—2011。

混凝土的配合比设计应满足以下基本要求：

（1）满足混凝土结构设计的强度等级；

（2）满足施工所要求的混凝土拌合物的和易性；

（3）满足工程所处环境和设计规定的耐久性；

（4）在保证混凝土质量的前提下，尽可能节约水泥，降低混凝土成本。

混凝土配合比设计，实质上就是确定胶凝材料、水、砂与石子这 4 项基本组成材料用量之间的三个比例关系。水胶比、单位用水量、砂率是混凝土配合比的三个重要参数。

（1）水胶比

混凝土中用水量与胶凝材料用量的质量比。根据混凝土强度和耐久性确定水胶比。在满足混凝土设计强度和耐久性的前提下，选用较大的水胶比，以节约水泥等胶凝材料，降低成本。除配制 C15 及其以下强度等级的混凝土外，混凝土的最小胶凝材料用量应符合表 2-14 的规定。

混凝土的最小胶凝材料用量　　　　　　　　　表 2-14

最大水胶比	最小胶凝材料用量（kg/m³）		
	素混凝土	钢筋混凝土	预应力混凝土
0.60	250	280	300
0.55	280	300	300
0.50	320		
≤0.45	330		

（2）单位用水量

$1m^3$ 混凝土的用水量。根据坍落度要求和粗骨料品种、最大粒径确定单位用水量。在满足施工和易性的基础上，尽量选用较小的单位用水量，以节约水泥等胶凝材料，降低成本。

（3）砂率

砂与石子之间的比例关系。砂率对混凝土的和易性、强度和耐久性影响很大，也直接影响水泥用量，故应尽可能选用最优砂率。

2.3.5 混凝土的养护

《混凝土结构工程施工规范》GB 50666—2011 规定，混凝土早期塑性收缩和干燥收缩较大，易于造成混凝土开裂。混凝土养护是补充水分或降低失水速率，防止混凝土产生裂缝，确保达到混凝土各项力学性能指标的重要措施。混凝土终凝后至养护开始的时间间隔应尽可能缩短，以保证混凝土养护所需的湿度以及对混凝土进行温度控制。

混凝土浇筑后应及时（通常为混凝土浇筑完毕后 8～12h 内）进行保湿养护，保湿养护可采用洒水（如图 2-37 所示）、覆盖（如图 2-38 所示）、喷涂养护剂等方式。选择养护方式应根据现场条件、环境温湿度、构件特点、技术要求、施工操作等因素确定。

图 2-37　洒水养护

图 2-38　覆盖养护

1. 洒水养护

洒水养护应符合下列规定：

（1）对已浇筑完毕的混凝土，应在混凝土终凝前，开始进行自然养护，浇水次数应能保持混凝土处于湿润状态。

（2）洒水养护宜在混凝土裸露表面覆盖麻袋或草帘后进行，也可采用直接洒水、蓄水等养护方式；洒水养护应保证混凝土处于湿润状态。

（3）洒水养护用水应符合现行行业标准《混凝土用水标准》JGJ 63—2006 的有关规定。

（4）当日最低温度低于 5℃时，不应采用洒水养护。

2. 覆盖养护

覆盖养护应符合下列规定：

（1）覆盖养护宜在混凝土裸露表面覆盖塑料薄膜、塑料薄膜加麻袋、塑料薄膜加草帘；

（2）塑料薄膜应紧贴混凝土裸露表面，塑料薄膜内应保持有凝结水；

（3）覆盖物应严密，覆盖物的层数应按施工方案确定。

3. 喷涂养护剂养护

喷涂养护剂养护应符合下列规定：

（1）应在混凝土裸露表面喷涂覆盖致密的养护剂进行养护。

（2）养护剂应均匀喷涂在结构构件表面，不得漏喷；养护剂应具有可靠的保湿效果，保湿效果可通过试验检验。

（3）养护剂使用方法应符合产品说明书的有关要求。

《混凝土结构工程施工规范》GB 50666—2011 规定，混凝土的养护时间应符合下列要求：

（1）采用硅酸盐水泥、普通硅酸盐水泥或矿渣硅酸盐水泥配制的混凝土，不应少于7d；采用其他品种水泥时，养护时间应根据水泥性能确定。

（2）采用缓凝型外加剂、大掺量矿物掺合料配制的混凝土，不应少于 14d。

（3）抗渗混凝土、强度等级 C60 及以上的混凝土，不应少于 14d。

（4）后浇带混凝土的养护时间不应少于 14d（《地下工程防水技术规范》GB 50108—2008 规定，后浇带应在其两侧混凝土龄期达到 42d 后再施工，浇筑后应及时养护，养护时间不得少于 28d）。

（5）地下室底层墙、柱和上部结构首层墙、柱宜适当增加养护时间。

（6）基础大体积混凝土养护时间应根据施工方案确定。

《大体积混凝土施工规范》GB 50496—2009 规定，大体积混凝土在混凝土浇筑完毕初凝前，宜立即进行喷雾养护工作。除应按普通混凝土进行常规保湿养护外，尚应及时按温控技术措施的要求进行保温养护。保湿养护的持续时间不得少于 14d，并应经常检查塑料薄膜或养护剂涂层的完整情况，保持混凝土表面湿润。

2.3.6 混凝土的进场检验与复试

1. 进场验收

目前工程中一般使用预拌混凝土。根据《预拌混凝土》GB/T 14902—2012，预拌混凝土是指在搅拌站（楼）生产的，通过运输设备送至使用地点的、交货时为拌合物的混凝土。交货时，需方应指定专人及时对供方所供预拌混凝土的质量、数量进行确认。供方应随每一辆运输车向需方提供预拌混凝土的质量证明文件，包括混凝土配合比通知单、混凝土质量合格证、强度检验报告、混凝土运输单以及合同约定的其他资料。由于混凝土的强度试验需要一定的龄期，强度检验报告可以在达到确定混凝土强度龄期后提供。预拌混凝土所用的水泥、骨料、掺合料等应按有关规定进行检验，其检验报告在预拌混凝土进场时可不提供，但应在生产企业存档保留，以便需要时查阅使用。除此之外，应在交货地点进行坍落度检查。观察混凝土拌合物不应离析。

混凝土中氯离子含量和碱总含量应符合现行国家标准《混凝土结构设计规范（2015年版）》GB 50010—2010 的规定和设计要求。进场时检查原材料、试验报告和氯离子、碱的总含量计算书。

首次使用的混凝土其配合比应进行开盘鉴定（为了验证混凝土的实际质量与设计要求的一致性），其原材料、强度、凝结时间、稠度等应满足设计配合比的要求。进场时需要检查开盘鉴定资料和强度试验报告。

2. 抽样复试

《混凝土结构工程施工质量验收规范》GB 50204—2015 规定，混凝土的强度等级必须符合设计要求，用于检验混凝土强度的试件应在浇筑地点随机抽取。对同一配合比混凝土，取样与试件留置应符合下列规定：

（1）每拌制 100 盘且不超过 100m³ 时，取样不得少于一次。

（2）每个工作班拌制不足 100 盘时，取样不得少于一次。

（3）连续浇筑超过 1000m³ 时，每 200m³ 取样不得少于一次。

（4）每一楼层，取样不得少于一次。

（5）每次取样应至少留置一组标准养护试件，每组不少于 3 个试件；同条件养护的试件的留置组数应根据实际需要确定。混凝土取样标准试件为边长为 150mm 的立方体，如图 2-39 所示。

图 2-39　混凝土试块的制作

《地下防水工程质量验收规范》GB 50208—2011 要求，防水混凝土抗渗性能应采用标准条件下养护混凝土抗渗试件的试验结果评定，试件应在混凝土浇筑地点随机取样后制作，并应符合下列规定：

（1）连续浇筑混凝土每 500m³ 应留置一组 6 个抗渗试件，且每项工程不得少于两组；采用预拌混凝土的抗渗试件，留置组数应视结构的规模和要求而定。

（2）抗渗性能试验应符合现行国家标准《普通混凝土长期性能和耐久性能试验方法标准》GB/T 50082—2009 的有关规定。

混凝土抗渗试块采用圆台体，其尺寸为上口直径 175mm、下口直径 185mm、高 150mm。混凝土抗渗试块如图 2-40 所示。

图 2-40　抗渗试块

　混凝土应该如何见证取样呢？

本节现行常用标准目录

1. 《建筑材料术语标准》JGJ/T 191—2009
2. 《普通混凝土用砂、石质量及检验方法标准》JGJ 52—2006
3. 《混凝土用水标准》JGJ 63—2006
4. 《生活饮用水卫生标准》GB 5749—2006
5. 《混凝土外加剂定义、分类、命名与术语》GB/T 8075—2005
6. 《混凝土外加剂应用技术规范》GB 50119—2013

7.《混凝土外加剂》GB 8076—2008

8.《普通混凝土配合比设计规程》JGJ 55—2011

9.《普通混凝土拌合物性能试验方法标准》GB/T 50080—2016

10.《混凝土强度检验评定标准》GB/T 50107—2010

11.《混凝土结构设计规范（2015 年版）》GB 50010—2010

12.《普通混凝土力学性能试验方法标准》GB/T 50081—2002

13.《混凝土耐久性检验评定标准》JGJ/T 193—2009

14.《混凝土结构工程施工规范》GB 50666—2011

15.《大体积混凝土施工规范》GB 50496—2009

16.《地下工程防水技术规范》GB 50108—2008

17.《预拌混凝土》GB/T 14902—2012

18.《混凝土结构工程施工质量验收规范》GB 50204—2015

19.《地下防水工程质量验收规范》GB 50208—2011

20.《普通混凝土长期性能和耐久性能试验方法标准》GB/T 50082—2009

习　题

一、单项选择题（每题的备选项中，只有 1 个最符合题意）

1. 关于普通混凝土用砂的说法，正确的是（　　）。

A. 粒径大于 5mm 的骨料称为细骨料

B. 在相同质量条件下，细砂的总表面积较大，而粗砂的较小

C. 细度模数越小，表示砂越粗

D. 配制混凝土时，宜优先选用 I 区砂

2. 关于普通混凝土用粗骨料的说法，正确的是（　　）。

A. 粒径在 5mm 以上的骨料称为粗骨料

B. 普通混凝土常用的粗骨料有碎石和片石

C. 骨料粒径增大时，其比表面积增大

D. 最大粒径不得超过结构截面最小尺寸的 1/3

3. 配置 C25 现浇钢筋混凝土梁，断面尺寸为 200mm×500mm，钢筋直径为 20mm，钢筋间距最小中心距为 80mm，石子公称粒级宜选择（　　）mm。

A. 5～31.5　　　　　　　　　　B. 5～40

C. 5～60　　　　　　　　　　　D. 20～40

4. 改善混凝土耐久性的外加剂是（　　）。

A. 缓凝剂　　　　　　　　　　B. 早强剂

C. 引气剂　　　　　　　　　　D. 速凝剂

5. 关于混凝土中掺入减水剂的说法，正确的是（　　）。

A. 不减少拌合用水量，能显著提高拌合物的流动性

B. 减水而不减少水泥时，可提高混凝土的和易性

C. 减水的同时适当减少水泥用量，则使强度降低

D. 混凝土的安全性能得到显著改善

6. 紧急抢修工程主要掺入混凝土的外加剂是(   )。

    A. 早强剂   B. 缓凝剂

    C. 引气剂   D. 膨胀剂

7. 大体积混凝土工程主要掺入的外加剂是(   )。

    A. 早强剂   B. 缓凝剂

    C. 引气剂   D. 减水剂

8. 高温季节混凝土工程主要掺入的外加剂是(   )。

    A. 早强剂   B. 缓凝剂

    C. 引气剂   D. 膨胀剂

9. 泵送与滑模方法施工主要掺入的外加剂是(   )。

    A. 早强剂   B. 缓凝剂

    C. 引气剂   D. 膨胀剂

10. 补偿收缩混凝土主要掺入的外加剂是(   )。

    A. 早强剂   B. 缓凝剂

    C. 引气剂   D. 膨胀剂

11. 早强剂多用于(   )。

    A. 大跨度混凝土施工   B. 冬期混凝土施工

    C. 高温期混凝土施工   D. 泵送混凝土施工

12. 混凝土中加入防冻剂可以保证水泥在相应负温下的(   )作用。

    A. 固化   B. 雾化

    C. 水化   D. 强化

13. 下列混凝土材料中,(   )是非活性矿物掺合料。

    A. 火山灰质材料   B. 磨细石英砂

    C. 钢渣粉   D. 硅粉

14. 下列性能中,不属于混凝土拌合物的和易性的是(   )。

    A. 可塑性   B. 流动性

    C. 粘聚性   D. 保水性

15. 影响混凝土拌合物和易性的最主要因素是(   )。

    A. 单位体积用水量   B. 砂率和针片状含量

    C. 组成材料的性质   D. 拌合时间和温度

16. 混凝土试件的标准养护条件为(   )。

    A. 温度 20±2℃,相对湿度 95% 以上

    B. 温度 20±2℃,相对湿度 95% 以下

    C. 温度 20±3℃,相对湿度 95% 以上

    D. 温度 20±3℃,相对湿度 95% 以下

17. 关于混凝土立方体抗压强度 f_{cu}、轴心抗压强度 f_c、抗拉强度 f_t 三者间的大小关系,正确的是(   )。

    A. $f_{cu} > f_c > f_t$ B. $f_c > f_{cu} > f_t$

    C. $f_{cu} > f_t > f_c$ D. $f_c > f_t > f_{cu}$

18. 影响混凝土强度的因素中，属于原材料方面的是（   ）。

A. 搅拌
B. 振捣

C. 养护的温度
D. 水胶比

19. 下列混凝土的变形，属于长期荷载作用下变形的是（   ）。

A. 碳化收缩
B. 干湿变形

C. 徐变
D. 温度变形

20. 抗冻等级（   ）以上的混凝土简称抗冻混凝土。

A. F10
B. F15

C. F25
D. F50

二、多项选择题（每题的备选项中，有 2 个或 2 个以上符合题意，至少有 1 个错项）

1. 混凝土按生产方式可分为（   ）。

A. 普通混凝土
B. 现拌混凝土

C. 预拌混凝土
D. 结构混凝土

E. 高强混凝土

2. 普通混凝土一般是由（   ）等组成。

A. 水泥
B. 砂子

C. 钢筋
D. 石子

E. 水

3. 施工中宜采用混凝土缓凝剂的有（   ）。

A. 高温季节混凝土
B. 蒸养混凝土

C. 大体积混凝土
D. 滑模工艺混凝土

E. 商品混凝土

4. 混凝土拌合物的和易性通常包括（   ）。

A. 密实性
B. 流动性

C. 粘聚性
D. 保水性

E. 抗裂性

5. 关于混凝土拌合物和易性的说法，正确的有（   ）。

A. 混凝土拌合物和易性又称工作性

B. 工地上常用坍落度和坍落扩展度作为流动性指标

C. 坍落度或坍落扩展度越大表示流动性越小

D. 稠度值越大表示流动性越大

E. 砂率是影响混凝土和易性的最主要因素

6. 影响混凝土强度的生产工艺方面的因素主要包括（   ）。

A. 水泥强度与水胶比
B. 搅拌与振捣

C. 试块的尺寸
D. 养护温度和湿度

E. 龄期

7. 下列混凝土的变形类型中，属于因物理化学因素引起的非荷载型变形的有（   ）。

A. 化学收缩   B. 徐变

C. 干湿变形   D. 碳化收缩

E. 温度变形

8. 混凝土的耐久性能包括（   ）。

A. 抗冻性   B. 和易性

C. 抗渗性   D. 碳化

E. 抗侵蚀性能

三、案例分析题

1. 某住宅楼工程，场地占地面积约 10000m²，建筑面积约 14000m²。地下 2 层，地上 16 层，层高 2.8m，檐口高 47m，结构设计为筏板基础，剪力墙结构。施工总承包单位为外地企业，在本项目所在地设有分公司。

根据项目试验计划，项目总工程师会同试验员选定在 1、3、5、7、9、11、13、16 层各留置 1 组 C30 混凝土同条件养护试件，试件在浇筑点制作，脱模后放置在下一层楼梯口处。

问题：同条件养护试件的做法有何不妥？并写出正确做法。

2. 某新建办公楼，地下 1 层，筏板基础，地上 12 层，框架—剪力墙结构。筏板基础混凝土强度等级 C30，抗渗等级 P6，总方量 1980m³，由某商品混凝土搅拌站供应，一次性连续浇筑。

在筏板基础混凝土浇筑期间，试验人员随机选择了一辆处于等候状态的混凝土运输车放料取样，并留置了一组标准养护抗压试件（3 个）和一组标准养护抗渗试件（3 个）。

问题：指出题目中的不妥之处，并写出正确做法。本工程筏板基础混凝土应至少留置多少组标准养护抗压试件？

2.4　钢材的性能及应用

2.4.1　钢材的分类

钢的品种繁多，为了便于掌握和选用，现将钢的一般分类归纳如图 2-41 所示：

2.4.2　钢材的力学性能和工艺性能

钢材的主要性能包括力学性能和工艺性能。其中力学性能是钢材最重要的使用性能，

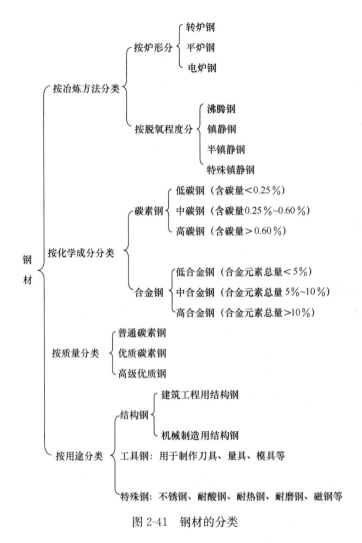

图 2-41　钢材的分类

包括拉伸性能、冲击性能、疲劳性能等。工艺性能表示钢材在各种加工过程中的性能，包括弯曲性能和焊接性能等。

1. 钢材的力学性能

（1）拉伸性能

反映建筑钢材拉伸性能的指标包括屈服强度、抗拉强度和伸长率。拉伸性能由拉伸试验（如图 2-42 所示）测出。低碳钢（软钢）是广泛使用的一种材料，它在拉伸试验中表现的力和变形关系比较典型，下面着重介绍。从低碳钢（软钢）的应力—应变关系中可以看出，低碳钢从受拉到拉断经历了四个阶段：弹性阶段（OA）、屈服阶段（AB）、强化阶段（BC）和颈缩阶段（CD），如图 2-43 所示。

第一阶段：弹性阶段

在图 2-43 中 OA 段应力较低，应力与应变成正比例关系，卸去外力，试件恢复原状，无残余变形，这一阶段称为弹性阶段。弹性阶段的最高点（A 点）所对应的应力称为弹性极限，用 σ_p 表示。在弹性阶段，应力和应变的比值为常数，称为弹性模量，用 E 表示，

图 2-42　钢材的拉伸试验

即 $E=\sigma/\varepsilon$。弹性模量反映钢材抵抗弹性变形的能力，是计算钢材在受力条件下变形的重要指标。建筑工程中常用钢材的弹性模量为 $(2.0\sim2.1)\times10^5\mathrm{MPa}$。

第二阶段：屈服阶段

当应力超过弹性极限后，应变的增长比应力快，此时除产生弹性变形外，还产生塑性变形。当应力达到 $B_上$（上屈服点）点时，即使应力不再增加，塑性变形仍明显增长，钢材出现了"屈服"现象，这一阶段称为屈服阶段。在屈服阶段中，应力会有波动，出现上屈服点 $(B_上)$ 和下屈服点 $(B_下)$。由于下屈服点比较稳定且容易测定，

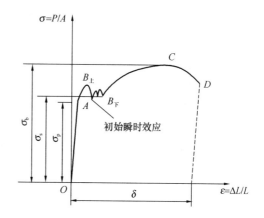

图 2-43　钢材拉伸应力—应变图

因此，采用下屈服点对应的应力作为钢材的屈服极限或屈服强度，用 σ_s 表示。由于钢材受力达到屈服点后将产生较大的塑性变形，已不能满足正常使用要求，因此结构设计中以屈服强度作为钢材强度取值的依据。

第三阶段：强化阶段

在钢材屈服到一定程度后，由于钢材内部组织中的晶格发生了畸变，阻止了塑性变形的进一步发展，钢材抵抗外力的能力提高。在应力—应变图上，曲线从点 $B_下$ 开始上升直至最高点 C，这一过程称为强化阶段。对应于最高点 C 的应力称为抗拉强度，用 σ_b 表示，它是钢材所承受的最大拉应力，是钢材抵抗断裂破坏能力的一个重要指标。

强屈比：抗拉强度与屈服强度之比 (σ_b/σ_s)，是评价钢材使用可靠性的一个参数。强屈比愈大，钢材受力超过屈服点工作时的可靠性越大，安全性越高。但是，强屈比太大，钢材强度的利用率偏低，浪费材料。

第四阶段：颈缩阶段

在钢材达到 C 点后，塑性变形急剧增加，试件薄弱处的断面将显著减小，产生"颈缩"现象而断裂。

断后伸长率：将拉断后试件拼合起来，测量出标距长度 L_1，L_1 与试件受力前的原标距 L_0 之差为塑性变形值。如图 2-44 所示，它与原标距 L_0 之比为伸长率 δ_n，按下式计算：

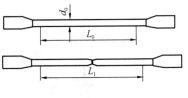

图 2-44　伸长率的测定

$$\delta_n = \frac{L_1 - L_0}{L_0} \times 100\% \qquad (2-2)$$

式中：δ_n——伸长率；

$\quad L_0$——试件原标距长度，mm；

$\quad L_1$——断裂试件拼合后标距长度，mm。

钢材的塑性指标有两个，都是表示外力作用下产生塑性变形的能力。一是伸长率（即标距的伸长量与原始标距的百分比）；二是断面收缩率（即试件拉断后，颈缩处横截面积的最大缩减量与原始横截面积的百分比）。

如何进行钢筋拉伸试验呢？

（2）冲击性能

冲击性能是指钢材抵抗冲击荷载的能力。钢的化学成分及冶炼、加工质量都对冲击性能有明显的影响。除此以外，钢的冲击性能受温度的影响较大，冲击性能随温度的下降而减小；当降到一定温度范围时，冲击值急剧下降，从而可使钢材出现脆性断裂，这种性质称为钢的冷脆性，这时的温度称为脆性临界温度。脆性临界温度的数值愈低，钢材的低温冲击性能愈好。所以，在负温下使用的结构，应当选用脆性临界温度较使用温度低的钢材。

（3）疲劳性能

受交变荷载反复作用时，钢材在应力远低于其屈服强度的情况下突然发生脆性断裂破坏的现象，称为疲劳破坏。疲劳破坏是在低应力状态下突然发生的，所以危害极大，往往造成灾难性的事故。钢材的疲劳极限与其抗拉强度有关，一般抗拉强度高，其疲劳极限也较高。

2. 钢材的工艺性能

（1）冷弯性能（弯曲性能）

冷弯是指钢材在常温下承受弯曲变形的能力。冷弯试验是通过检验试件经规定的弯曲程度后弯曲处拱面及两侧面有无裂纹起层、鳞落和断裂等情况进行评定的。衡量钢材冷弯性能的指标有两个：一个是试件的弯曲角度（α），另一个是弯心直径 d 与钢材的厚度或直径 a 的比值（d/a），如图 2-45 所示。试验时弯曲的角度 α 越大，d/a 的比值越小，表示对冷弯性能的要求越高。

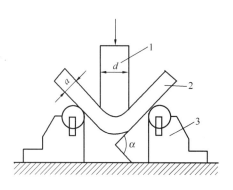

图 2-45　钢材的冷弯性能
1—弯心；2—试件；3—台座

　　建筑上常把钢筋、钢板弯成要求的形状，如图 2-46 所示，因此要求钢材有较好的冷弯性能。钢材的冷弯试验是将钢材按规定弯曲角度和弯心直径进行弯曲，检查受弯部位的外拱面和两侧面，不发生裂纹、起层或断裂为合格。钢材的伸长率与冷弯性能都反映了钢材的塑性，而冷弯却反映钢材在局部变形下的塑性，它比伸长率更能反映钢材内部组织状态、内应力及杂质等缺陷。伸长率合格的钢材，其冷弯性能不一定合格。因此，凡是建筑结构用钢材，还必须满足冷弯性能。

图 2-46　经弯折的钢筋、钢板

（2）焊接性能
　　焊接是各种型钢、钢板、钢筋的重要连接方式，如图 2-47 所示。焊接的质量取决于焊接工艺、焊接材料及钢材的焊接性能。

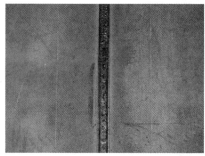

图 2-47　经焊接连接的钢筋、钢板

　　钢材的焊接性能（又称可焊性），是指钢材在通常的焊接方法和工艺条件下获得良好焊接接头的性能。可焊性好的钢材焊接后不易形成裂纹、气孔、夹渣等缺陷，焊接接头牢固可靠，焊缝及其附近受热影响区的性能不低于母材的力学性能，特别是强度不低于原有钢材，硬脆倾向小。

钢材的可焊性主要取决于钢材的化学成分。一般含碳量越高，可焊性越低。特别是，当硫含量较多时，会使焊口处产生热裂纹，严重降低焊接质量。

2.4.3　钢材化学成分及其对钢材性能的影响

钢材中除主要化学成分铁（Fe）以外，还含有少量的碳（C）、硅（Si）、锰（Mn）、磷（P）、硫（S）、氧（O）、氮（N）、钛（Ti）、钒（V）等元素，这些元素虽含量很少，但对钢材性能的影响很大，具体影响见表 2-15。

钢材中主要微量元素对钢材性能的影响　　　　表 2-15

元素种类	对钢材性能的影响
碳	碳是决定钢材性能的最重要元素。建筑钢材的含碳量≤0.8%，随着含碳量的增加，钢材的强度和硬度提高，塑性和韧性下降。含碳量超过 0.3%时钢材的可焊性显著降低。碳还增加了钢材的冷脆性和时效敏感性，降低抗大气锈蚀性
硅	硅是我国钢筋用钢材中的主加合金元素。当含量<1%时，可提高钢材强度，对塑性和韧性影响不明显
锰	锰能消减硫和氧引起的热脆性，使钢材的热加工性能改善，同时也可提高钢材强度
磷	磷是碳素钢中很有害的元素之一。磷含量增加，钢材的强度、硬度提高，塑性和韧性显著下降。特别是温度愈低，对塑性和韧性的影响愈大，从而显著加大钢材的冷脆性，也使钢材可焊性显著降低。但磷可提高钢材的耐磨性和耐蚀性，在低合金钢中可配合其他元素作为合金元素使用
硫	硫也是很有害的元素，呈非金属硫化物夹杂存在于钢中，降低钢材的各种机械性能。硫化物所造成的低熔点使钢材在焊接时易产生热裂纹，形成热脆现象，称为热脆性。硫使钢的可焊性、冲击韧性、耐疲劳性和抗腐蚀性等均降低
氧	氧是钢中有害元素，会降低钢材的机械性能，特别是韧性。氧有促进时效倾向的作用。氧化物所造成的低熔点亦使钢材的可焊性变差
氮	氮对钢材性质的影响与碳、磷相似，会使钢材强度提高，而塑性特别是韧性显著下降

图 2-48　高层钢结构

2.4.4　建筑钢材

建筑钢材可分为钢结构用钢、钢筋混凝土结构用钢和建筑装饰用钢材制品。

1. 钢结构用钢

建筑钢结构是近年来发展很快的一个行业，特别是在高层钢结构（如图 2-48 所示）、大型公共建筑的网架结构（如图 2-49 所示）、轻钢厂房结构（如图 2-50 所示）等方面，发展十分迅速。

钢结构用钢主要是热轧成型的钢板和型钢等。

钢板包括普通钢板、花纹钢板、建筑用压型钢板和彩色涂层钢板等，如图 2-51 所示。钢板规格表示方法为宽度×厚度×长度（单位为 mm）。钢板分厚板（厚度＞4mm）和薄板（厚度≤4mm）两种。厚板主要用于结构，薄板主要用于屋面板、楼板和墙板等。在钢结构中，单块钢板一般较少使用，而是用几块板组合成工字形、箱形等结构形式来承受荷载。

图 2-49　网架结构

图 2-50　轻钢厂房结构

(a)　　　　　　　　　　　　　　(b)

(c)　　　　　　　　　　　　　　(d)

图 2-51　钢板
（a）普通钢板；（b）花纹钢板；（c）建筑用压型钢板；（d）彩色涂层钢板

钢结构常用的热轧型钢有：工字钢、H 型钢、T 型钢、槽钢、等边角钢、不等边角钢等，如图 2-52 所示。常用型钢的名称、型号、规格和标记示例见表 2-16。

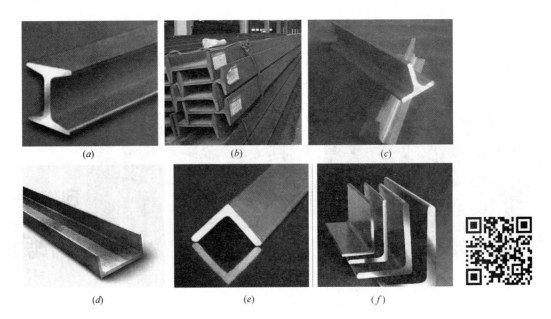

(a)   (b)   (c)

(d)   (e)   (f)

图 2-52　钢结构常用的热轧型钢

(a) 工字钢；(b) H 型钢；(c) T 型钢；(d) 槽钢；(e) 等边角钢；(f) 不等边角钢

常用型钢的名称、型号、规格和标记示例　　　　　　　　表 2-16

名称	示意图	型号表示法及示例	规格表示法及示例	标记示例
热轧工字钢		以"I"和腰高的厘米数表示，共有 45 个型号。b、d 有几种时加 a、b、c 以示区别。如：I16 号、I40b 号	腰高×腿宽×腰厚（I$h×b×d$）如：I400×144×12.5	热轧工字钢 $\dfrac{400×144×12.5-GB/T\ 706-2016}{Q235-A-GB\ 700-2006}$ 表示碳素结构钢，尺寸为 400mm×144mm×12.5mm 的热轧工字钢
热轧等边角钢		以"L"和边宽的厘米数表示，共有 24 个型号。同一型号有不同的边厚。如：L16 号	边宽×边宽×边厚（L$b×b×d$）如：L160×160×16	热轧等边角钢 $\dfrac{160×160×16-GB/T\ 706-2016}{Q235-B-GB\ 700-2006}$ 表示碳素结构钢 Q235 号 B 级镇静钢，尺寸为 160mm×160mm×16mm 的热轧等边角钢
热轧不等边角钢		以"L"和长边/短边厘米数表示，共有 20 个型号。同一型号有不同的边厚。如：L16/10 号	长边宽×短边宽×边厚（L$B×b×d$）如：L160×100×10	热轧不等边角钢 $\dfrac{160×100×10-GB/T\ 706-2016}{Q235-A-GB\ 700-2006}$ 表示碳素结构钢 Q235 号 A 级镇静钢，尺寸为 160mm×100mm×10mm 的热轧不等边角钢

名称	示意图	型号表示法及示例	规格表示法及示例	标记示例
热轧槽钢		以"〔"和腰高的厘米数表示，共有41个型号。b、d有几种时加a、b、c以示区别。如：〔18a号	腰高×腿宽×腰厚（〔h×b×d）如：〔180×68×7	热轧槽钢 $\frac{180×68×7-GB/T\ 706-2016}{Q235-A-GB\ 700-2006}$ 表示碳素结构钢Q235号A级镇静钢，尺寸为180mm×68mm×7mm的热轧槽钢

钢材所用的母材主要是普通碳素结构钢（简称碳素结构钢）及低合金高强度结构钢。

（1）普通碳素结构钢

国家标准《碳素结构钢》GB/T 700—2006对其牌号表示方法、代号和符号、技术要求、试验方法、检验规则等做了具体规定。

1）牌号表示方法

碳素结构钢按屈服点的数值（MPa）划分为Q195、Q215、Q235、Q275四种；质量等级按硫磷杂质含量分为A、B、C、D四个等级；按脱氧程度分为沸腾钢（F）、镇静钢（Z）和特殊镇静钢（TZ）。碳素结构钢的牌号由代表屈服点的字母Q、屈服点数值（MPa）、质量等级、脱氧程度等四部分按顺序组成，牌号组成表示方法中，Z、TZ可省略。例如，Q235AF表示屈服点不低于235MPa的A级沸腾钢；Q235B表示屈服点不低于235MPa的B级镇静钢。

2）技术标准

碳素结构钢的技术要求包括化学成分、力学性能、冶炼方法、交货状态及表面质量五个方面，力学性能应符合表2-17、表2-18的规定。

由表2-17、表2-18可知，碳素结构钢随牌号的增大，强度和硬度增大，但塑性、韧性和可加工性能逐步降低；同一钢号内质量等级越高，钢的质量越好。

3）应用

Q235是建筑工程中最常用的碳素结构钢牌号。其含碳量为0.14%～0.22%，属低碳钢，具有较高的强度，良好的塑性、韧性和可焊性，综合性能好，能满足一般钢结构和钢筋混凝土用钢要求，且成本较低，Q235钢被大量制作成型钢、钢管和钢板。其中C、D级钢材可用于重要的焊接结构。

Q195、Q215号钢，强度低，塑性和韧性较好，易于冷加工，常用作钢钉、铆钉、螺栓及钢丝等。Q215号钢经冷加工后可代替Q235号钢使用。

Q275号钢，强度较高，但塑性、韧性较差，不宜焊接和冷弯加工，主要用于机械零件和工具等。

（2）低合金高强度结构钢

牌号	等级	拉伸试验												冲击试验	
		屈服强度（MPa），不小于						抗拉强度（MPa）	伸长率 δ_5（%）不小于					温度（℃）	冲击吸收功（纵向）（J）不小于
		厚度或直径（mm）							厚度或直径（mm）						
		≤16	>16~40	>40~60	>60~100	>100~150	>150~200		≤40	>40~60	>60~100	>100~150	>150~200		
Q195	—	195	185	—	—	—	—	315~450	33	—	—	—	—	—	—
Q215	A	215	205	195	185	175	165	335~450	31	30	29	27	26	—	—
	B													+20	27
Q235	A	235	225	215	215	195	185	375~500	26	25	24	22	21	0	—
	B													+20	27
	C													0	
	D													−20	
Q275	A	275	265	255	245	225	215	415~540	22	21	20	18	17	—	—
	B													+20	27
	C													0	
	D													−20	

注：1. Q195 的屈服点仅供参考，不作为交货条件；

2. 厚度大于 100mm 的钢材，抗拉强度下限允许降低 20N/mm²。宽带钢（包括剪切钢板）抗拉强度上限不作交货条件；

3. 厚度小于 25mm 的 Q235B 级钢材，如供方能保证冲击吸收功数值合格，经需方同意可不做试验。

牌号	试样方向	冷弯试验 180°B=2a	
		钢材厚度或直径 a（mm）	
		≤60	>60~100
		弯心直径 d	
Q195	纵	0	—
	横	0.05a	
Q215	纵	0.05a	1.5a
	横	a	2a
Q235	纵	a	2a
	横	1.5a	2.5a
Q275	纵	1.5a	2.5a
	横	2a	3a

注：钢材厚度（或直径）> 100mm 时，弯曲试验由双方协商确定。

低合金高强度结构钢是在碳素结构钢的基础上加入总量小于 5% 的合金元素（一种或几种）形成的一种结构钢。常用的合金元素有锰、硅、钒、钛、铌、铬、镍等，这些合金元素可使钢材的强度、塑性、耐磨性、耐腐蚀性、低温冲击韧性等得到显著的改善和提高。低合金高强度结构钢是综合性能较为理想的建筑钢材，尤其适用于大跨度、承受动荷载和冲击荷载的结构。

1）牌号表示方法

根据国家标准《低合金高强度结构钢》GB/T 1591—2008 的规定，低合金高强度结构钢的牌号由代表屈服点的字母 Q、屈服强度值（MPa）、质量等级等三个部分按顺序组成。低合金高强度结构钢按屈服点的数值（MPa）划分为 Q345、Q390、Q420、Q460、Q500、Q550、Q620、Q690 等 8 个牌号；质量等级分为 A、B、C、D、E 五个等级，质量按顺序逐级提高。例如，Q345A 表示屈服点不低于 345MPa 的 A 级低合金高强度结构钢。

2）性能及应用

低合金高强度结构钢与碳素钢相比具有以下突出的优点：强度高，可减轻自重，节约钢材；综合性能好，如抗冲击性、耐腐蚀性、耐低温性好，使用寿命长；塑性、韧性和可焊性好，有利于加工和施工。与使用碳素钢相比，可节约钢材 20%～30%，是一种综合性能较好的钢材。

低合金高强度结构钢由于具有以上优良的性能，主要用于轧制型钢、钢板、钢筋及钢管，在建筑工程中广泛应用于钢筋混凝土结构和钢结构，特别是重型、大跨度、高层结构、桥梁以及承受动荷载和冲击荷载的结构。

2. 钢筋混凝土结构用钢

钢筋混凝土结构用钢主要品种有热轧钢筋、预应力混凝土用热处理钢筋（主要用作轨枕）、预应力混凝土用钢丝和钢绞线等。热轧钢筋是建筑工程中用量最大的钢材品种之一，主要用于钢筋混凝土结构和预应力混凝土结构的配筋。目前我国常用的热轧钢筋品种、强度标准值见表 2-19。

常用热轧钢筋的品种及强度标准值　　　　　　　　表 2-19

表面形状	等级	牌号	常用符号	公称直径（mm）	屈服强度标准值（MPa）≥	抗拉强度标准值（MPa）≥
热轧光圆钢筋（如图 2-53 所示）	Ⅰ 级钢	HPB300	Φ	6～14	300	420
热轧带肋钢筋（如图 2-54 所示）	Ⅱ 级钢	HRB335	Φ	6～14	335	455
	Ⅲ 级钢	HRB400	Φ	6～50	400	540
		HRBF400	ΦF			
		RRB400	ΦR			
	Ⅳ 级钢	HRB500	Φ	6～50	500	630
		HRBF500	ΦF			

注：热轧带肋钢筋牌号中，HRB 属于普通热轧钢筋，HRBF 属于细晶粒热轧钢筋，RRB 属于余热处理钢筋。

热轧光圆钢筋强度较低，与混凝土的粘结强度也较低，主要用作板的受力钢筋、箍筋以及构造钢筋，如图 2-53 所示。热轧带肋钢筋与混凝土之间的握裹力大，共同工作性能较好，其中的 HRB400 和 HRB500 级钢筋是钢筋混凝土用的主要受力钢筋，如图 2-54 所示。HRB400 又常称新Ⅲ级钢，是我国规范提倡使用的钢筋品种（优先采用Ⅲ级钢，积极推广Ⅳ级钢，加速淘汰Ⅱ级钢）。

图 2-53 热轧光圆钢筋

图 2-54 热轧带肋钢筋

沉痛悼念 HRBF335 钢筋君！

根据《混凝土结构设计规范（2015 年版）》GB 50010—2010，混凝土结构的钢筋应按下列规定选用：

（1）纵向受力普通钢筋宜采用 HRB400、HRB500、HRBF400、HRBF500、HRB335、RRB400、HPB300 钢筋；梁、柱和斜撑构件的纵向受力普通钢筋宜采用 HRB400、HRB500、HRBF400、HRBF500 钢筋。

（2）箍筋宜采用 HRB400、HRBF400、HRB335、HPB300、HRB500、HRBF500 钢筋。

（3）预应力筋宜采用预应力钢丝（如图 2-55 所示）、钢绞线（如图 2-56 所示）和预应力螺纹钢筋（热轧带肋钢筋的俗称）。预应力筋强度标准值见表 2-20。

图 2-55 预应力钢丝

图 2-56 钢绞线

预应力筋强度标准值 表 2-20

种　类		符号	公称直径 d（mm）	屈服强度标准值（N/mm²）	极限强度标准值（N/mm²）
中强度预应力钢丝	光面	ϕ^{PH}	5、7、9	620	800
				780	970
	螺旋肋	ϕ^{HM}		980	1270
预应力螺纹钢筋	螺纹	ϕ^{T}	18、25、32、40、50	785	980
				930	1080
				1080	1230
消除应力钢丝	光面	ϕ^{P}	5	—	1570
				—	1860
	螺旋肋	ϕ^{H}	7	—	1570
			9	—	1470
				—	1570
钢绞丝	1×3（三股）	ϕ^{S}	8.6、10.8、12.9	—	1570
				—	1860
				—	1960
	1×7（七股）		9.5、12.7、15.2、17.8	—	1720
				—	1860
				—	1960
			21.6	—	1860

注：极限强度标准值为 1960N/mm² 的钢绞线作后张预应力配筋时，应有可靠的工程经验。

《混凝土结构工程施工质量验收规范》GB 50204—2015 中规定，有较高要求的抗震结构适用的钢筋牌号为：在已有带肋钢筋牌号后加 E（例如：HRB400E、HRBF400E）的钢筋。该类钢筋除应满足以下的要求外，其他要求与相对应的已有牌号钢筋相同。

（1）钢筋抗拉强度实测值与屈服强度实测值之比不应小于 1.25；

（2）钢筋屈服强度实测值与屈服强度标准值之比不应大于 1.30；

（3）钢筋的最大力下总伸长率不应小于 9%。

《钢筋混凝土用钢　第 2 部分：热轧带肋钢筋》GB 1499.2—2007 中规定，热轧带肋钢筋应在其表面轧上牌号标志，还可依次轧上经注册的厂名（或商标）和公称直径毫米数字。钢筋牌号以阿拉伯数字或英文字母加阿拉伯数字表示，HRB335、HRB400、HRB500 分别用 3、4、5 表示；HRBF400、HRBF500 分别用 C4、C5 表示。厂名以汉语拼音字头表示。公称直径毫米数以阿拉伯数字表示。对公称直径不大于 10mm 的钢筋，可不轧制标志，而是采用挂标牌的方法（如图 2-57 所示）。

《钢筋混凝土用钢　第 2 部分：热轧带肋钢筋》GB 1499.2—2007 中规定，各牌号钢筋的化学成分和碳当量（熔炼分析）应符合表 2-22 的规定。钢筋的成品化学成分允许偏差应符合《钢的成品化学成分允许偏差》GB/T 222—2006 的规定，碳当量 C_{eq} 的允许偏差为 +0.03%。

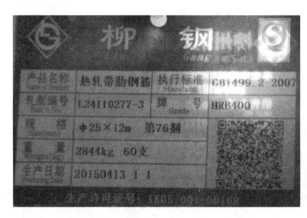

图 2-57 钢筋标牌

不同热轧带肋钢筋牌号标志见表 2-21。现场热轧带肋钢筋轧制标志如图 2-58 所示。

不同热轧带肋钢筋牌号标志　　　　　　　　　　　　表 2-21

热轧带肋钢筋牌号（抗震用钢）	厂家名称	直径（mm）	钢筋表面牌号标志（抗震用钢）
HRB400E	武钢集团襄樊钢铁长材有限公司	25	4 E WX-25
HRB500E	武钢集团襄樊钢铁长材有限公司	25	5 E WX-25

图 2-58 热轧带肋钢筋轧制标志

钢筋化学成分和碳当量要求　　　　　　　　　　　　表 2-22

牌号	化学成分（质量分数）（%），不大于					
	C	Si	Mn	P	S	C_{eq}
HPB300	0.25	0.55	1.50		0.050	—
HRB335						0.52
HRB400				0.045		
HRBF400	0.25	0.80	1.60		0.045	
HRB500						0.55
HRBF500						

3. 建筑装饰用钢材制品

现代建筑装饰工程中，钢材制品得到广泛应用。常用的主要有不锈钢钢板和钢管、彩色不锈钢板、彩色涂层钢板和彩色涂层压型钢板，以及镀锌钢卷帘门板及轻钢龙骨等，如图 2-59 所示。

图 2-59 建筑装饰钢材制品

（1）不锈钢及其制品

不锈钢是指含铬量在 12％以上的铁基合金钢。铬的含量越高，钢的抗腐蚀性越好。建筑装饰工程中使用的是要求具有较好的耐大气和水蒸气侵烛性的普通不锈钢。用于建筑装饰的不锈钢材主要有薄板（厚度＜2mm）和用薄板加工制成的管材、型材等。

（2）轻钢龙骨

轻钢龙骨是以镀锌钢带或薄钢板由特制轧机经多道工艺轧制而成，断面有 U 形、C 形、T 形和 L 形。主要用于装配各种类型的石膏板、钙塑板、吸声板等，用作室内隔墙和吊顶的龙骨支架。与木龙骨相比，具有强度高、防火、耐潮、便于施工安装等特点。

轻钢龙骨主要分为吊顶龙骨（代号 D）和墙体龙骨（代号 Q）两大类，如图 2-60 所示。吊顶龙骨又分为主龙骨（承载龙骨）、次龙骨（覆面龙骨）。墙体龙骨分为竖龙骨、横龙骨和通贯龙骨等。

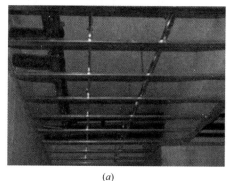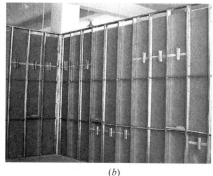

（a）   （b）

图 2-60 轻钢龙骨
（a）吊顶龙骨；（b）墙体龙骨

2.4.5 钢材的进场检验与复试

1. 钢筋的进场检验与复试

钢筋对混凝土结构的承载能力至关重要，对其质量应从严要求。钢筋进场时，应检查产品合格证和出厂检验报告（有时产品合格证、出厂检验报告可以合并；当用户有特别要求时，还应列出某些专门检验数据），并按有关标准的规定进行抽样检验，进场抽样检验的结果是钢筋材料能否在工程中应用的判断依据。

　　钢筋进场时和使用前均应加强外观质量的检查。弯曲不直或经弯折损伤、有裂纹的钢筋不得使用；表面有油污、颗粒状或片状老锈的钢筋亦不得使用，以防止影响钢筋握裹力或锚固性能。

　　根据《混凝土结构工程施工质量验收规范》GB 50204—2015，钢筋、成型钢筋进场检验，当满足下列条件之一时，其检验批容量可扩大一倍。

　　（1）获得认证的钢筋、成型钢筋；

　　（2）同一厂家、同一牌号、同一规格的钢筋，连续三批均一次检验合格；

　　（3）同一厂家、同一类型、同一钢筋来源（指成型钢筋加工所用钢筋为同一企业生产）的成型钢筋，连续三批均一次检验合格。

　　需要注意的是，当钢筋、成型钢筋满足上述条件时，检验批容量只扩大一次。当扩大检验批后的检验出现一次不合格情况时，应按扩大前的检验批容量重新验收，并不得再次扩大检验批容量。

　　当发现钢筋脆断、焊接性能不良或力学性能显著不正常等现象时，应对该批钢筋进行化学成分检验或其他专项检验。

　　（1）原材钢筋

　　《混凝土结构工程施工质量验收规范》GB 50204—2015规定，钢筋进场时，应按国家现行相关标准的规定抽取试件做屈服强度、抗拉强度、伸长率、弯曲性能和重量偏差检验，检验结果应符合相应标准的规定。

　　根据《钢筋混凝土用钢　第1部分：热轧光圆钢筋》GB 1499.1—2008和《钢筋混凝土用钢　第2部分：热轧带肋钢筋》GB 1499.2—2007，钢筋应按批进行检查和验收，每批由同一牌号、同一炉罐号、同一规格的钢筋组成。每批重量通常不大于60t。超过60t的部分，每增加40t（或不足40t的余数），增加一个拉伸试验试样和一个弯曲试验试样。

　　对于每批钢筋的检验数量，应按相关产品标准执行。国家标准《钢筋混凝土用钢　第1部分：热轧光圆钢筋》GB 1499.1—2008和《钢筋混凝土用钢　第2部分：热轧带肋钢筋》GB 1499.2—2007中规定热轧钢筋每批抽取5个试件，先进行重量偏差检验，再取其中2个试件进行拉伸试验，检验屈服强度、抗拉强度、伸长率，另取其中2个试件进行弯曲性能检验。对于钢筋伸长率，牌号带"E"的钢筋必须检验最大力下总伸长率。

　　根据《钢筋混凝土用钢　第1部分：热轧光圆钢筋》GB 1499.1—2008，直条钢筋实际重量与理论重量的允许偏差应符合表2-23的规定。

光圆直条钢筋实际重量与理论重量的允许偏差　　　　　表2-23

公称直径（mm）	实际重量与理论重量的偏差，（%）
6~12	±7

　　根据《钢筋混凝土用钢　第2部分：热轧带肋钢筋》GB 1499.2—2007，直条钢筋实际重量与理论重量的允许偏差应符合表2-24的规定。

带肋直条钢筋实际重量与理论重量的允许偏差	表 2-24
公称直径（mm）	实际重量与理论重量的偏差（％）
6～12	±7
14～20	±5
22～50	±4

在拉伸试验的试件中，若有一根试件的屈服强度、抗拉强度和伸长率三个指标中有一个达不到标准中的规定值，或冷弯试验中有一根试件不符合标准要求，则在同一批钢筋中再抽取双倍数量的试件进行该不合格项目的复验，复验结果中只要有一个指标不合格，则该批钢筋即为不合格品。

（2）成型钢筋

《混凝土结构工程施工质量验收规范》GB 50204—2015 规定，成型钢筋（类型包括箍筋、纵筋、焊接网、钢筋笼等，如图 2-61 所示进场时，应抽取试件做屈服强度、抗拉强度、伸长率和重量偏差检验，检验结果应符合国家现行有关标准的规定。

图 2-61 成型钢筋

对由热轧钢筋组成的成型钢筋，当有施工单位或监理单位的代表驻厂监督加工过程，并能提交该批成型钢筋所用原材钢筋第三方检验报告时，可只进行重量偏差检验。此时成型钢筋进场的质量证明文件主要为产品合格证、产品标准要求的出厂检验报告和成型钢筋所用原材钢筋的第三方检验报告。对由热轧钢筋组成的成型钢筋及由冷加工钢筋组成的成型钢筋不满足上述条件时，进场时应按规定做屈服强度、抗拉强度、伸长率和重量偏差检验。此时成型钢筋的质量证明文件主要为产品合格证、产品标准要求的出厂检验报告；对成型钢筋所用原材钢筋，生产企业可参照现行规范的规定自行检验，其检验报告在成型钢筋进场时可不提供，但应在生产企业存档保留，以便需要时查阅。

检查数量：同一厂家、同一类型、同一钢筋来源的成型钢筋，不超过 30t 为一批，每批中每种钢筋牌号、规格均应至少抽取 1 个钢筋试件，总数不应少于 3 个。

为规避成型钢筋在储存和运输过程中可能出现质量波动影响工程质量，规范规定了进入施工现场时的成型钢筋整体的外观质量和尺寸偏差检验要求。尺寸主要包括成型钢筋形状尺寸，钢筋加工的允许偏差见表 2-25。对于钢筋焊接网和焊接骨架，外观质量尚应包括开焊点、漏焊点数量、焊网钢筋间距等项目。

项目	允许偏差（mm）
受力钢筋沿长度方向的净尺寸	±10
弯起钢筋的弯折位置	±20
箍筋外廓尺寸	±5

钢筋加工的允许偏差 表 2-25

检查数量：同一设备加工的同一类型钢筋，每工作班抽查不应少于 3 件。

（3）盘卷钢筋

钢筋宜采用无延伸功能的机械设备进行调直，也可采用冷拉调直。当采用冷拉调直时，HPB300 光圆钢筋的冷拉率不宜大于 4%；HRB335、HRB400、HRB500、HRBF400、HRBF500 及 RRB400 带肋钢筋的冷拉率不宜大于 1%。

盘卷钢筋调直后应进行力学性能和重量偏差检验。

检查数量：同一设备加工的同一牌号、同一规格的调直钢筋，重量不大于 30t 为一批，每批见证抽取 3 个试件，其长度不应小于 500mm。应对 3 个试件先进行重量偏差检验，再取其中 2 个试件进行力学性能检验。

盘卷钢筋调直后的断后伸长率、重量偏差应符合表 2-26 的要求。采用无延伸功能的机械设备调直的钢筋，可不再进行力学性能和重量偏差检验。

盘卷钢筋调直后的断后伸长率、重量偏差要求 表 2-26

钢筋牌号	断后伸长率 A （%）	重量偏差（%）	
		直径 6～12mm	直径 14～16mm
HPB300	≥21	≥−10	—
HRB335	≥16	≥−8	≥−6
HRB400、HRBF400	≥15		
RRB400	≥13		
HRB500、HRBF500	≥14		

钢筋原材应该如何
见证取样呢？

焊接钢筋应该如何
见证取样？

2. 钢结构用钢的进场检验与复试

钢材、钢铸件的品种、规格、性能等应符合现行国家产品标准和设计要求。进口钢材产品的质量应符合设计和合同规定标准的要求。

检查数量：全数检查。

检验方法：检查质量合格证明文件、中文标志及检验报告等。

对属于下列情况之一的钢材，应进行抽样复验，其复验结果应符合现行国家产品标准和设计要求。

（1）国外进口钢材；

（2）钢材混批；

（3）板厚≥40mm，且设计有 Z 向性能要求的厚板；

（4）建筑结构安全等级为一级，大跨度钢结构中主要受力构件所采用的钢材；

（5）设计有复验要求的钢材；

（6）对质量有疑义的钢材。

本节现行常用标准目录

1．《混凝土结构设计规范（2015 年版）》GB 50010—2010
2．《钢筋混凝土用钢　第 1 部分：热轧光圆钢筋》GB 1499.1—2017
3．《钢筋混凝土用钢　第 2 部分：热轧带肋钢筋》GB 1499.2—2018
4．《混凝土结构工程施工质量验收规范》GB 50204—2015
5．《碳素结构钢》GB/T 700—2006
6．《低合金高强度结构钢》GB/T 1591—2008
7．《钢的成品化学成分允许偏差》GB/T 222—2006
8．《钢筋混凝土用钢材试验方法》GB/T 28900—2012
9．《预应力混凝土用钢材试验方法》GB/T 21839—2008
10．《钢筋混凝土用余热处理钢筋》GB 13014—2013
11．《建筑用轻钢龙骨》GB/T 11981—2008

习　　题

一、单项选择题（每题的备选项中，只有 1 个最符合题意）

1．碳素钢中含碳量（　　）为中碳钢。

A. 0.22%   B. 0.42%

C. 0.62%   D. 0.82%

2．合金钢中合金元素的总含量（　　）为低合金钢。

A. 3%   B. 6%

C. 9%   D. 12%

3．下列指标中，不属于建筑钢材拉伸性能的是（　　）。

A. 屈服强度   B. 抗拉强度

C. 强屈比   D. 伸长率

4．结构设计中，钢材强度的取值依据是（　　）。

A. 抗拉强度   B. 抗压强度

C. 屈服强度   D. 极限强度

5. 钢材是以（　　）为主要元素，并含有其他元素的合金材料。

A. 碳   B. 铁

C. 磷   D. 锰

6. 钢结构中采用的主要钢材是（　　）。

A. 型钢   B. 钢管

C. 钢索   D. 线材

7. 钢筋混凝土结构用钢最主要的品种是（　　）。

A. 热轧钢筋   B. 热处理钢筋

C. 预应力钢丝   D. 钢绞线

8. 与混凝土的握裹力大，可作为钢筋混凝土用的最主要受力钢筋是（　　）。

A. 热轧光圆钢筋   B. 热轧带肋钢筋

C. 热处理钢筋   D. 预应力钢丝

9. 带肋钢筋牌号后加（　　）的钢筋更适合有较高要求的抗震结构使用。

A. C   B. D

C. E   D. F

二、多项选择题（每题的备选项中，有 2 个或 2 个以上符合题意，至少有 1 个错项）

1. 下列属于常用的热轧型钢的是（　　）。

A. 工字钢   B. 热轧带肋钢筋

C. 等边角钢   D. H 型钢

E. 花纹钢板

2. 常用的热轧钢筋牌号有（　　）。

A. HPB300   B. HRBF335

C. HRB400   D. HRBF400

E. HPB235

3. 下列要求中，牌号为"HRB400E"的钢筋需满足的有（　　）。

A. 钢筋实测抗拉强度与实测屈服强度之比不小于 1.25

B. 钢筋实测抗拉强度与实测屈服强度之比不大于 1.25

C. 钢筋实测屈服强度与规范规定的屈服强度特征值之比不大于 1.30

D. 钢筋实测屈服强度与规范规定的屈服强度特征值之比不小于 1.30

E. 钢筋的最大力总伸长率不小于 9%

4. 钢材的主要力学性能有（　　）。

A. 弯曲性能   B. 焊接性能

C. 拉伸性能   D. 冲击性能

E. 疲劳性能

三、案例分析题

1. 某办公楼工程，建筑面积 45000m²，钢筋混凝土框架—剪力墙结构，地下 1 层，地上 12 层，层高 5m，抗震等级一级。

项目部按规定向监理工程师提交调直后 HRB400E Φ12 钢筋复试报告，主要检测数据为：抗拉强度实测值 561N/mm²，屈服强度实测值 460N/mm²，实测重量 0.816kg/m（HRB400E Φ12 钢筋：屈服强度标准值 400N/mm²，极限强度标准值 540N/mm²，理论重量 0.888kg/m）。

问题：计算钢筋的强屈比、屈强比（超屈比）、重量偏差（保留两位小数），并根据计算结果分别判断该指标是否符合要求。

2. 某办公楼工程，地下 1 层，地上 12 层，总建筑面积 25800m²，筏板基础，框架—剪力墙结构。有一批次框架结构用钢筋，施工总承包单位认为与上一批次已批准使用的是同一个厂家生产的，没有进行进场复验等质量验证工作，直接投入了使用。

问题：施工单位的做法是否妥当？列出钢筋质量验证时材质复验的主要内容。

3. 某公共建筑工程，建筑面积 22000m³，地下 2 层，地上 5 层，层高 3.2m，钢筋混凝土框架结构。

施工总承包单位进场后，采购了 110t Ⅱ级钢筋，钢筋出厂合格证明材料齐全，施工总承包单位将同一炉罐号的钢筋组批，在监理工程师见证下，取样复试。复试合格后，施工总承包单位在现场采用冷拉方法调直钢筋，冷拉率控制为 3%，监理工程师责令施工总承包单位停止钢筋加工工作。

问题：指出施工总承包单位做法的不妥之处，分别写出正确做法。

4. 某新建办公楼，地下 1 层，筏板基础，地上 12 层，框架—剪力墙结构。框架柱箍筋采用 Φ8 盘圆钢筋冷拉调直后制作，经测算，其中 KZ1 的箍筋每套下料长度为 2350mm。

问题：在不考虑加工损耗和偏差的前提下，列式计算 100m 长 Φ8 盘圆钢筋经冷拉调直后，最多能加工多少套 KZ1 的柱箍筋？

2.5　砖和砌块的性能及应用

砖、砌块及石材是建筑工程中常用的块体砌筑材料。其中，砌块的尺寸较大，施工效率较高，在建筑工程中应用越来越广泛。

2.5.1　砖

1. 砖的定义与分类

根据《建筑材料术语标准》JGJ/T 191—2009，砖是建筑用的人造小型块材，外形主要为直角六面体，长、宽、高分别不超过 365mm、240mm 和 115mm。按工艺不同将砖分为烧结砖和非烧结砖，按尺寸和孔洞率不同将砖分为普通砖、多孔砖、空心砖。根据工艺及所用原材料的不同，常用的砖有烧结砖、混凝土砖和蒸压砖等。

按照《墙体材料术语》GB/T 18968—2003 的规定：

（1）实心砖是无孔洞或孔洞率小于 25％的砖；

（2）普通砖也称标准砖，是规格尺寸为 240mm×115mm×53mm 的实心砖；

（3）多孔砖是孔洞率不小于 25％，孔的尺寸小而数量多的砖；

（4）空心砖是孔洞率不小于 40％，孔的尺寸大而数量少的砖。

烧结普通砖是以黏土、页岩、煤矸石、粉煤灰等为主要原材料，经制坯和焙烧制成的普通砖，如图 2-62 所示。

烧结多孔砖是以黏土、页岩、煤矸石、粉煤灰等为主要原材料，经成型、干燥和焙烧制成的主要用于承重结构的多孔砖，如图 2-63 所示。

图 2-62　烧结普通砖　　　　　图 2-63　烧结多孔砖

烧结空心砖是以黏土、页岩、煤矸石等为主要原材料，经成型和焙烧制成，用于非承重结构的空心砖，如图 2-64 所示。

混凝土实心砖是以水泥、骨料和水等为主要原材料，也可加入外加剂和矿物掺合料等材料，经搅拌、成型、养护制成的实心砖，如图 2-65 所示。

图 2-64　烧结空心砖　　　　　图 2-65　混凝土实心砖

混凝土多孔砖又称承重混凝土多孔砖。是以水泥、骨料和水等为主要原材料，经搅拌、成型、养护制成多排孔的最低强度等级为 MU15 的砖，如图 2-66 所示。

混凝土空心砖又称非承重混凝土空心砖。是以水泥为胶凝材料、骨料和水等为主要原材料，经搅拌、成型、养护制成单排孔或多排孔的最高强度等级小于 MU15 的砖，如图 2-67 所示。

图 2-66　混凝土多孔砖　　　　　　　图 2-67　混凝土空心砖

蒸压灰砂砖简称灰砂砖，是以石灰和砂为主要原料，允许掺入颜料和外加剂，经坯料制备、压制成型、蒸压养护而制成的实心砖，如图 2-68 所示。

蒸压粉煤灰砖是以粉煤灰、石灰或水泥为主要原料，掺加适量石膏、外加剂、颜料和集料等，经坯料制备、成型、高压或常压蒸汽养护而制成的实心砖，如图 2-69 所示。

蒸压炉渣砖是以炉渣为主要原料，掺加适量（水泥、电石渣）石灰、石膏，经混合、压制成型、蒸养或蒸压养护而成的实心砖，如图 2-70 所示。

图 2-68　蒸压灰砂砖　　　　　　　　图 2-69　蒸压粉煤灰砖

图 2-70　蒸压炉渣砖

2. 砖的性能及应用

常用烧结砖、混凝土砖和蒸压砖的性能及应用见表 2-27。

常用砖的性能及应用　　　　　　　　　　　　　　　　表 2-27

名称	分类	规格尺寸	强度等级	应用范围
烧结砖	普通砖	规格尺寸（mm）：240×115×53	按抗压强度分为 MU30、MU25、MU20、MU15、MU10 五个等级	常用于承重结构
	多孔砖	长度、宽度、高度尺寸应符合下列要求（mm）：290、240、190、180、140、115、90	按抗压强度分为 MU30、MU25、MU20、MU15、MU10 五个等级	常用于承重结构
	空心砖	长度规格尺寸（mm）：390、290、240、190、180（175）、140；宽度规格尺寸（mm）：190、180（175）、140、115；高度规格尺寸（mm）：180（175）、140、115、90	按抗压强度分为 MU10.0、MU7.5、MU5.0、MU3.5 四个强度等级	用于非承重结构
混凝土砖	实心砖	主规格尺寸（mm）：240×115×53	按抗压强度分为 MU40、MU35、MU30、MU25、MU20、MU15 六个等级	多用于承重结构
	多孔砖（承重混凝土多孔砖）	长度规格尺寸（mm）：360、290、240、190、140；宽度规格尺寸（mm）：240、190、115、90；高度规格尺寸（mm）：115、90	按抗压强度分为 MU15、MU20、MU25 三个等级	常用于承重结构
	空心砖（非承重混凝土空心砖）	长度规格尺寸（mm）：360、290、240、190、140；宽度规格尺寸（mm）：240、190、115、90；高度规格尺寸（mm）：115、90	按抗压强度可分为 MU5、MU7.5、MU10 三个强度等级	仅可用于非承重结构
蒸压砖	灰砂砖	规格尺寸（mm）：240×115×53	按抗压强度和抗折强度分为 MU25、MU20、MU15、MU10 四个强度等级	主要用于工业与民用建筑的墙体和基础。不得用于长期受热 200℃ 以上、受急冷急热和有酸性介质侵蚀的建筑部位。MU15 及以上的砖可用于基础及其他建筑，MU10 的砖仅用于防潮层以上的建筑
	粉煤灰砖	规格尺寸（mm）：240×115×53	按抗压强度和抗折强度分为 MU30、MU25、MU20、MU15、MU10 五个强度等级	可用于工业与民用建筑的基础和墙体，但用于基础或用于易受冻融和干湿交替作用的建筑部位必须使用 MU15 及以上强度等级的砖。不得用于长期受热（200℃以上），受急冷急热和有酸性介质侵蚀的建筑部位
	炉渣砖	规格尺寸（mm）：240×115×53	按抗压强度分为：MU25、MU20、MU15 三个强度等级	主要用于一般建筑物的墙体和基础部位

2.5.2 砌块

1. 砌块的定义与分类

根据《建筑材料术语标准》JGJ/T 191—2009，砌块是建筑用的人造块材，外形主要为直角六面体，主规格的长度、宽度和高度至少一项分别大于 365mm、240mm 和 115mm，且高度不大于长度或宽度的 6 倍，长度不超过高度的 3 倍。砌体外围尺寸大于砖类产品，可是实心，也可是空心。

砌块按尺寸和质量的大小不同分为小型砌块、中型砌块和大型砌块。砌块系列中主规格的高度大于 115mm 而小于 380mm 的称作小型砌块、高度为 380～980mm 称为中型砌块、高度大于 980mm 的称为大型砌块。使用中小型砌块居多。

砌块按外观形状可以分为实心砌块和空心砌块。空心率小于 25％或无孔洞的砌块为实心砌块，空心率大于或等于 25％的砌块为空心砌块。

砌块根据所用主要原料及生产工艺不同，常用砌块有普通混凝土小型空心砌块、轻集料混凝土小型空心砌块和蒸压加气混凝土砌块等。

普通混凝土小型空心砌块是以水泥、矿物掺合料、砂、石、水等为原材料，经搅拌、振动成型、养护等工艺制成的小型空心砌块，如图 2-71 所示。

轻集料混凝土小型空心砌块是以水泥、矿物掺合料、轻骨料（或部分轻骨料）、水等为原材料，经搅拌、压振成型、养护等工艺过程制成的小型空心砌块，如图 2-72 所示。

蒸压加气混凝土砌块是以硅质材料和钙质材料为主要原材料，掺加发气剂，经加水搅拌发泡、浇筑成型、预养切割、蒸压养护等工艺制成的含泡状孔的砌块，如图 2-73 所示。

图 2-71 普通混凝土小型空心砌块　　　图 2-72 轻集料混凝土小型空心砌块

图 2-73 蒸压加气混凝土砌块

2. 砌块的性能及应用

常用砌块的性能及应用见表 2-28。

常用砌块的性能及应用　　　　　　　　　　　　　　表 2-28

名称	规格尺寸	强度等级	应用范围
普通混凝土小型空心砌块	主规格尺寸（mm）：390×190×190	按抗压强度：承重砌块（L）分为 MU7.5、MU10.0、MU15.0、MU20.0、MU25.0 五个等级；非承重砌块（N）分为 MU5.0、MU7.5、MU10 三个等级	可用于承重结构和非承重结构
轻集料混凝土小型空心砌块	主规格尺寸（mm）：390×190×190	按强度可分为 MU2.5、MU3.5、MU5.0、MU7.5、MU10.0 五个等级	目前主要用于非承重的隔墙和围护墙
蒸压加气混凝土砌块	长度规格尺寸（mm）：600；宽度规格尺寸（mm）：100、120、125、150、180、200、240、250、300；高度规格尺寸（mm）：200、240、250、300	按抗压强度分为 A1.0、A2.0、A2.5、A3.5、A5.0、A7.5、A10 七个强度级别	用于一般建筑物墙体，还用于多层建筑物的非承重墙及隔墙，也可用于低层建筑的承重墙，也可用于保温隔热

2.5.3　砖和砌块的进场检验与复试

根据《砌体结构工程施工质量验收规范》GB 50203—2011：

每一生产厂家，烧结普通砖、混凝土实心砖每 15 万块，烧结多孔砖、混凝土多孔砖、蒸压灰砂砖及蒸压粉煤灰砖每 10 万块各为一验收批，不足上述数量时按 1 批计，抽检数量为一组。需要检查砖强度试验报告。

每一生产厂家，每 1 万块混凝土小型空心砌块为一验收批，不足 1 万块按 1 批计，抽检数量为一组；用于多层以上建筑的基础和底层的小砌块抽检数量不应少于 2 组。需要检查小砌块试验报告。

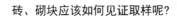

砖、砌块应该如何见证取样呢？

本节现行常用标准目录

1.《建筑材料术语标准》JGJ/T 191—2009

2.《墙体材料术语》GB/T 18968—2003

3.《烧结普通砖》GB 5101—2003

4.《烧结多孔砖和多孔砌块》GB 13544—2011

5.《烧结空心砖和空心砌块》GB/T 13545—2014

6.《混凝土实心砖》GB/T 21144—2007

7.《承重混凝土多孔砖》GB 25779—2010

8.《非承重混凝土空心砖》GB/T 24492—2009

9.《蒸压灰砂砖》GB 11945—1999

10.《蒸压粉煤灰砖》JC/T 239—2014

11.《炉渣砖》JC/T 525—2007

12.《普通混凝土小型砌块》GB/T 8239—2014

13.《轻集料混凝土小型空心砌块》GB/T 15229—2011

14.《蒸压加气混凝土砌块》GB 11968—2006

15.《砌体结构工程施工质量验收规范》GB 50203—2011

16.《蒸压加气混凝土性能试验方法》GB/T 11969—2008

习　题

一、单项选择题（每题的备选项中，只有 1 个最符合题意）

1. 普通混凝土小型空心砌块的主规格尺寸为（　　）。

A. 390mm×190mm×190mm　　　　　　B. 390mm×240mm×240mm

C. 390mm×240mm×190mm　　　　　　D. 390mm×240mm×120mm

2. 蒸压加气混凝土砌块通常也可用于（　　）建筑的承重墙。

A. 低层　　　　　　　　　　　　　　B. 多层

C. 高层　　　　　　　　　　　　　　D. 超高层

3. 蒸压加气混凝土砌块的长度一般为（　　）mm。

A. 600　　　　　　　　　　　　　　B. 550

C. 390　　　　　　　　　　　　　　D. 190

二、多项选择题（每题的备选项中，有 2 个或 2 个以上符合题意，至少有 1 个错项）

1. 蒸压灰砂砖按抗压强度和抗折强度分为四个强度等级，包括（　　）。

A. MU30　　　　　　　　　　　　　B. MU25

C. MU20　　　　　　　　　　　　　D. MU15

E. MU10

2. 砌块通常按其尺寸和质量大小不同可分为（　　）。

A. 小型砌块　　　　　　　　　　　　B. 空心砌块

C. 中型砌块　　　　　　　　　　　　D. 实心砌块

E. 大型砌块

2.6 砂浆的性能及应用

2.6.1 砂浆的定义与分类

《建筑材料术语标准》JGJ/T 191—2009 规定，砂浆是以胶凝材料、细骨料、掺合料（可以是矿物掺合料、石灰膏、电石膏、黏土膏等一种或多种）和水等为主要原材料进行拌合，硬化后具有强度的工程材料。适用于民用与一般工业建（构）筑物的砌筑、抹灰、地面及一般防水工程的砂浆称为普通建筑砂浆。

1. 按用途分类

根据《普通建筑砂浆技术导则》RISN-TG 008-2010，普通建筑砂浆按用途可分为砌筑砂浆（如图 2-74 所示）、抹灰砂浆（如图 2-75 所示）、地面砂浆（如图 2-76 所示）和防水砂浆（如图 2-77 所示），并可采用表 2-29 的代号表示。

图 2-74　砌筑砂浆　　　　　　　图 2-75　抹灰砂浆

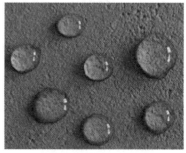

图 2-76　地面砂浆　　　　　图 2-77　防水砂浆

普通建筑砂浆的代号　　　　　　　　　　　　　　　表 2-29

品种	砌筑砂浆	抹灰砂浆	地面砂浆	防水砂浆
代号	M	P	S	W

砌筑砂浆将砖、石、砌块等块材粘结成砌体的砂浆，砌筑砂浆在建筑工程中用量较大，起粘结、垫层及传递应力的作用。

《抹灰砂浆技术规程》JGJ/T 220—2010 规定，抹灰砂浆是指将水泥、细骨料和水以及根据性能确定的其他组分按规定比例拌合在一起，配制成砂浆后，大面积涂抹于建筑物的表面，它具有保护和找平基体、满足使用要求和增加美观的作用。

根据《聚合物水泥防水砂浆》JC/T 984－2011）防水砂浆是以水泥、细骨料为主要组分，以聚合物乳液或可再分散乳胶粉为改性剂，添加适量助剂混合制成的具有防水功能的砂浆。

2. 按生产方式分类

普通建筑砂浆按生产方式可分为现场拌制砂浆（如图 2-78 所示）和预拌砂浆（如图 2-79 所示）。现场拌制砂浆是指在施工现场将水泥、细骨料、水及根据需要掺入的外加剂、掺合料等组分，按一定比例计量、拌制而成的拌合物。

图 2-78　现场拌制砂浆　　　　　　图 2-79　预拌砂浆

现场拌制砂浆可采用表 2-30 的代号表示。

现场拌制砂浆的代号　　　　　　　　　　　　　　表 2-30

品种	现场拌制砌筑砂浆	现场拌制抹灰砂浆	现场拌制地面砂浆	现场拌制防水砂浆
代号	SM	SP	SS	SW

预拌砂浆又可分为干混砂浆和湿拌砂浆。

干混砂浆是在专业生产厂将干燥的原材料按比例混合，运至使用地点，交付后再加水（或配套组分）拌合使用的砂浆。

湿拌砂浆是在搅拌站生产的、在规定时间内运送并使用、交付时处于拌合物状态的砂浆。

3. 按所用胶凝材料分类

根据所用胶凝材料的不同，可分为水泥砂浆、石灰砂浆和水泥混合砂浆（常指水泥石灰混合砂浆）。

水泥砂浆是以水泥、细骨料和水为主要原材料，也可根据需要加入矿物掺合料并配制而成的砂浆。

石灰砂浆是以石灰膏、细骨料和水为主要原材料，也可根据需要加入矿物掺合料并配制而成的砂浆。

水泥混合砂浆是以水泥、细骨料和水为主要原材料，并加入石灰膏、电石膏、黏土膏中的一种或几种，也可根据需要加入矿物掺合料并配制而成的砂浆。

2.6.2　砂浆的组成

砂浆的组成材料包括胶凝材料、细骨料，掺合料、水和外加剂。

1. 胶凝材料

建筑砂浆常用的胶凝材料有水泥、石灰、石膏等。在选用时应根据使用环境、用途等合理选择。在干燥条件下使用的砂浆既可选用气硬性胶凝材料（石灰、石膏），也可选用水硬性胶凝材料（水泥）；若在潮湿环境或水中使用的砂浆，则必须选用水泥作为胶凝材料。

建筑生石灰、建筑生石灰粉熟化为石灰膏，其熟化时间分别不得小于7d和2d；沉淀池中储存的石灰膏，应防止干燥、冻结和污染。严禁用脱水硬化的石灰膏；建筑生石灰粉、消石灰粉不得替代石灰膏配置水泥石灰砂浆。

2. 细骨料

对于砌筑砂浆用砂，优先选用中砂，如图2-80（a）所示，既可满足和易性要求，又可节约水泥。毛石砌体宜选用粗砂，如图2-80（b）所示。另外，砂的含泥量也应受到控制。

(a)　　　　　　　　　　　(b)

图2-80　细骨料
(a) 中砂；(b) 粗砂

3. 掺合料

掺合料是指为改善砂浆和易性而加入的无机材料。常用的掺合料有石灰膏、电石膏、黏土膏、粉煤灰、沸石粉等。掺合料对砂浆强度无直接贡献。

4. 水

砂浆拌合用水与混凝土拌合用水的要求相同。

5. 外加剂

外加剂是在拌制砂浆过程中掺入，用以改善砂浆性能的物质。不同的砂浆掺入外加剂品种和掺量必须通过试验来确定。

2.6.3　砂浆的技术性质与应用

图2-81　砂浆稠度测定仪

1. 流动性

砂浆的流动性指砂浆在自重或外力作用下流动的性能，用稠度表示。稠度采用砂浆稠度测定仪测定（如图2-81所示），以圆锥体沉入砂浆内的深度表示（单位为mm）。圆锥沉入深度越大，砂浆的流动性越大。

砂浆流动性的选择与砌体材料的种类、施工条件及气候条件等有关。对于吸水性强的砌体材料和高温干燥的天气，要求砂浆稠度要大些；反之，对于密实不吸水的砌体材料和湿冷天气，砂浆稠度可小些。

砂浆的流动性和许多因素有关，所用胶凝材料种类及数量、用水量、掺合料的种类与数量、砂的形状和粗细与级配、外加剂的种类与掺量以及搅拌时间都会影响砂浆的流动性。

根据《砌筑砂浆配合比设计规程》JGJ/T 98—2010 的规定，砌筑砂浆施工时的稠度宜按表 2-31 选用。

砌筑砂浆的施工稠度	表 2-31
砌体种类	施工稠度（mm）
烧结普通砖砌体、粉煤灰砖砌体	70～90
烧结多孔砖砌体、烧结空心砖砌体、轻集料混凝土小型空心砌块砌体、蒸压加气混凝土砌块砌体	60～80
混凝土砖砌体、普通混凝土小型空心砌块砌体、灰砂砖砌体	50～70
石砌体	30～50

2. 保水性

保水性指砂浆保持水分不易析出的性能，以保水率表示。

根据《砌筑砂浆配合比设计规程》JGJ/T 98—2010 的规定，砌筑砂浆的保水率应符合表 2-32 的规定。

砌筑砂浆的保水率	表 2-32
砂浆种类	保水率（%）
水泥砂浆	≥80
水泥混合砂浆	≥84
预拌砌筑砂浆	≥88

通过保持一定数量的胶凝材料和掺合料，或采用较细砂并加大掺量，或掺入引气剂等，可改善砂浆保水性。

3. 抗压强度及强度等级

砌筑砂浆的强度用强度等级来表示。砂浆强度由边长为 70.7mm×70.7mm×70.7mm 的立方体试件（如图 2-82 所示），在标准养护条件下（温度为 20±2℃，相对湿度为 90% 以上），用标准试验方法测得 28d 龄期的一组三块的抗压强度值来评定。按照《砌筑砂浆

图 2-82　砂浆立方体试件

配合比设计规程》JGJ/T 98—2010，水泥砂浆及预拌砂浆的强度等级可分为 M5、M7.5、M10、M15、M20、M25、M30；水泥混合砂浆的强度等级可分为 M5、M7.5、M10、M15。按照《抹灰砂浆技术规程》JGJ/T 220—2010，水泥抹灰砂浆强度等级应为 M15、M20、M25、M30；水泥石灰抹灰砂浆强度等级应为 M2.5、M5、M7.5、M10。

影响砂浆强度的因素很多，除了砂浆的组成材料、配合比、施工工艺、施工及硬化时的条件等因素外，砌体材料的吸水率也会对砂浆强度产生影响。

根据《砌体结构设计规范》GB 50003—2011，砂浆的强度等级应按下列规定采用：

（1）烧结普通砖、烧结多孔砖、蒸压灰砂普通砖和蒸压粉煤灰普通砖砌体采用的普通砂浆强度等级：M15、M10、M7.5、M5 和 M2.5；蒸压灰砂普通砖和蒸压粉煤灰普通砖采用的专用砌筑砂浆强度等级：Ms15、Ms10、Ms7.5、Ms5.0。

（2）混凝土普通砖、混凝土多孔砖、单排孔混凝土砌块（如图 2-83 所示）和煤矸石混凝土砌块砌体采用的砂浆强度等级：Mb20、Mb15、Mb10、Mb7.5、Mb5。

（3）双排孔或多排孔轻集料混凝土砌块（如图 2-84 所示）砌体采用的砂浆强度等级：Mb10、Mb7.5 和 Mb5。

图 2-83　单排孔混凝土砌块

图 2-84　双排孔混凝土砌块

（4）毛料石、毛料砌体采用的砂浆强度等级：M7.5、M5 和 M2.5。

4．砂浆的拌制及使用

根据《砌体结构工程施工质量验收规范》GB 50203—2011，砌筑砂浆应采用机械搅拌（现场搅拌如图 2-85 所示），搅拌时间自投料完毕起算应符合下列规定：

图 2-85　砂浆现场搅拌

（1）水泥砂浆和水泥混合砂浆不得少于 120s；

（2）水泥粉煤灰砂浆和掺用外加剂的砂浆不得少于 180s；

（3）掺增塑剂的砂浆，其搅拌方式、搅拌时间应符合现行行业标准《砌筑砂浆增塑剂》JG/T 164—2004 的有关规定；

（4）干混砂浆及加气混凝土砌块专用砂浆宜按掺用外加剂的砂浆确定搅拌时间或按产品说明书选用。

现场拌制的砂浆应随拌随用，拌制的砂浆应在 3h 内使用完毕；当施工期间最高气温超过 30℃时，应在 2h 内使用完毕。预拌砂浆及蒸压加气混凝土砌块专用砂浆的使用时间应按照厂方提供的说明书确定。

2.6.4 砂浆的配合比

现场配制水泥混合砂浆的配合比应按下列步骤进行计算：

（1）计算砂浆试配强度；

（2）计算每立方米砂浆中的水泥用量；

（3）计算每立方米砂浆中的石灰膏用量；

（4）确定每立方米砂浆中的砂用量；

（5）按砂浆稠度选每立方米砂浆用水量。

根据《砌筑砂浆配合比设计规程》JGJ/T 98—2010 的规定，现场配制水泥砂浆的材料用量可按表 2-33 选用。

每立方米水泥砂浆材料用量（单位：kg/m³）　　　　　表 2-33

强度等级	水泥	砂	用水量
M5	200～230		
M7.5	230～260		
M10	260～290		
M15	290～330	砂的堆积密度值	270～330
M20	340～400		
M25	360～410		
M30	430～480		

注：1. M15 及 M15 以下强度等级水泥砂浆，水泥强度等级为 32.5 级；M15 以上强度等级水泥砂浆，水泥强度等级为 42.5 级。
2. 当采用细砂或粗砂时，用水量分别取上限或下限。
3. 稠度小于 70mm 时，用水量可小于下限。
4. 施工现场气候炎热或干燥季节，可酌量增加用水量。

2.6.5 建筑砂浆的进场检验与复试

根据《砌体结构工程施工质量验收规范》GB 50203—2011：

每一检验批且不超过 250m³ 砌体的各类、各强度等级的普通砌筑砂浆，每台搅拌机应至少抽检一次。验收批的预拌砂浆、蒸压加气混凝土砌块专用砂浆，抽检可分为 3 组。

检验方法：在砂浆搅拌机出料口或湿拌砂浆的储存容器出料口随机取样制作砂浆试块（现场拌制的砂浆，同盘砂浆只应作 1 组试块），试块标样 28d 后做强度试验。预拌砂浆中的湿拌砂浆稠度应在进场时取样检验。

砌筑砂浆的验收批，同一类型、强度等级的砂浆试块不应少于 3 组；对于建筑结构的安全等级为一级或设计使用年限为 50 年及以上的房屋，同一验收批砂浆试块的数量不得少于3组。当砂浆试块数量不足3组时，其强度的代表性较差，验收也存在较大风险，如只有1组试块时，其错判概率至少为30％。

当施工中或验收时出现下列情况，可采用现场检验方法对砂浆或砌体强度进行实体检测，并判定其强度：

（1）砂浆试块缺乏代表性或试块数量不足；

（2）对砂浆试块的试验结果有怀疑或有争议；

（3）砂浆试块的试验结果，不能满足设计要求；

（4）发生工程事故，需要进一步分析事故原因。

砂浆应该如何见证取样呢？

本节现行常用标准目录

1.《建筑材料术语标准》JGJ/T 191—2009

2.《砌体结构设计规范》GB 50003—2011

3.《普通建筑砂浆技术导则》RISN-TG 008-2010

4.《砌筑砂浆配合比设计规程》JGJ/T 98—2010

5.《砌体结构工程施工质量验收规范》GB 50203—2011

6.《预拌砂浆应用技术规程》JG/T 223—2010

7.《抹灰砂浆技术规程》JG/T 220—2010

8.《聚合物水泥防水砂浆》JC/T 984—2011

9.《建筑砂浆基本性能试验方法标准》JGJ 70—2009

习　　题

一、单项选择题（每题的备选项中，只有1个最符合题意）

1. 砌筑砂浆用砂宜优先选用（　　），既可满足和易性要求，又可节约水泥。

A. 特细砂　　　　　　　　　　　　B. 细砂

C. 中砂　　　　　　　　　　　　　D. 粗砂

2. 在潮湿环境或水中使用的砂浆，则必须选用（　　）作为胶凝材料。

A. 石灰　　　　　　　　　　　　　B. 石膏

C. 水玻璃　　　　　　　　　　　　D. 水泥

3. 砂浆强度等级立方体试件的边长是（　　）mm。

A. 70   B. 70.2

C. 70.5   D. 70.7

4. 保水性指砂浆保持水分不易析出的性能，以（   ）表示。

A. 保水率   B. 分层度

C. 稠度   D. 含水率

二、多项选择题（每题的备选项中，有 2 个或 2 个以上符合题意，至少有 1 个错项）

1. 建筑砂浆按所用胶凝材料的不同，可分为（   ）。

A. 水泥砂浆   B. 石灰砂浆

C. 混合砂浆   D. 砌筑砂浆

E. 抹面砂浆

2. 为改善水泥混合砂浆和易性而加入的掺合料有（   ）。

A. 石灰膏   B. 黏土膏

C. 生石灰   D. 电石膏

E. 沸石粉

3. 关于砌筑砂浆的说法，正确的有（   ）。

A. 砂浆应采用机械搅拌

B. 水泥粉煤灰砂浆搅拌时间不得小于 3min

C. 留置砂浆试块为边长 7.07cm 的正方体

D. 同盘砂浆应留置两组试件

E. 六个试件为一组

第3章 常用建筑装饰装修材料的性能及应用

3.1 饰面石材的特性及应用

建筑饰面石材主要包括天然饰面石材和人造饰面石材两大类。天然饰面石材常见品种为花岗石、大理石和板石；人造饰面石材常见品种有聚酯型人造石材和微晶玻璃型人造石材。

3.1.1 天然饰面石材的特性及应用

通常按地质成因对岩石进行的分类是十分专业和复杂的，普通人很难分得清楚。为便于应用，建筑装饰行业将建筑装饰石材分为天然花岗石、天然大理石和天然板石三大类石材。

建筑装饰工程上所指的花岗石是指以花岗岩为代表的一类装饰石材，包括各类以石英、长石为主要的组成矿物，并含有少量云母和暗色矿物的岩浆岩和花岗质的变质岩，如花岗岩、辉绿岩、辉长岩、玄武岩、橄榄岩等。从外观特征看，花岗石常呈整体均粒状结构，称为花岗结构，如图 3-1 所示。

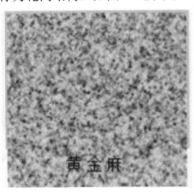

图 3-1 天然花岗石

花岗岩中板材按表面加工程度分为粗面板材、细面板材（压光板）、镜面板材（光亮板），如图 3-2 所示。

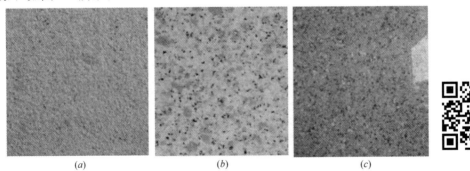

图 3-2 花岗岩中板材按表面加工程度分类
(*a*) 粗面板材；(*b*) 细面板材（压光板）；(*c*) 镜面板（光亮板）

大理石装饰板简称大理石板，在大理，有"石因地而得名，地因石而生辉"的说法。大理石是商品名称，非岩石学定义，由云南省大理市点苍山所产的具有绚丽色泽与花纹的石材而得名。泛指大理岩、石灰岩、白云岩等。颜色品种丰富，花纹美观，用于地面和室外时应注意加强表面防护，如图 3-3 所示。

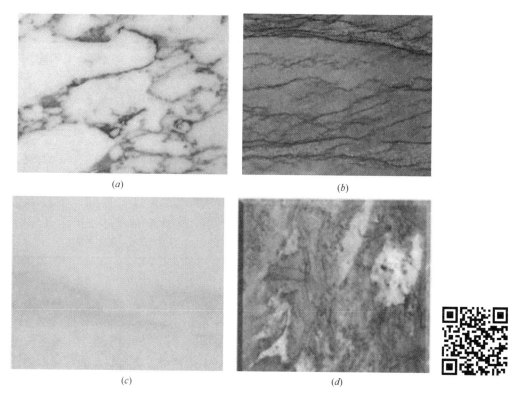

图 3-3　天然大理石

（a）云南大理石；（b）特色大理石蓝海；（c）汉白玉；（d）艾叶青

板石也称为板岩，是一种可上溯到奥陶纪（5.5 亿年前）的沉积源变质岩。主要由石英、绢云母和绿泥石族矿物组成。其主要化学成分是二氧化硅，如图 3-4 所示。

图 3-4　天然板石

天然饰面石材的性能及应用见表 3-1。

名称	特　性	用　途
天然花岗石	花岗石构造致密、强度高、密度大、吸水率极低、质地坚硬、耐磨，为酸性硬石材。其耐酸、抗风化、耐久性好，使用年限长。 所含石英在高温下会发生晶变、体积膨胀而开裂、剥落，所以不耐火，但因此而适宜制作火烧板	主要应用于大型公共建筑或装饰等级要求较高的室内外装饰工程。粗面和细面板材常用于室外地面、墙面、柱面、勒脚、基座、台阶
天然大理石	质地较密实、抗压强度较高、吸水率低、质地较软，属碱性中硬石材。天然大理石易加工、开光性好，常被制成抛光板材，其色调丰富、材质细腻、极富装饰性。耐磨性相对较差，耐酸腐蚀能力较差	一般用于宾馆、展览馆、剧院、商场、图书馆、机场、车站等工程的室内墙面、柱面、服务台、栏板、电梯间门口等部位
天然板石	劈分性能好、平整度好、色差小、黑度高（其他颜色同理）、弯曲强度高。含钙铁硫量低，烧失量低，耐酸碱性能好，吸水率低，耐候性好	加工用作房瓦及铺设地面、壁面、装饰台阶、阳台、门柱、浴室及台球面等上等装饰材料。优质的板石都是被加工为屋面瓦板，俗称石板瓦

3.1.2　人造饰面石材的特性及应用

人造饰面石材是采用无机或有机胶凝材料作为胶粘剂，以天然砂、碎石、石粉或工业渣为粗细填料，经成型、固化、表面处理而成的一种人造材料。它一般具有重量轻、强度大、厚度薄、色泽鲜艳、花色繁多、装饰性好、耐腐蚀、耐污染、便于施工、价格较低的特点。按照所用材料和制造工艺不同，可分为水泥型人造石材、聚酯型人造石材、复合型人造石材、烧结型人造石材和微晶型人造石材几类，其中聚酯型人造石材和微晶玻璃型人造石材是目前应用较多的品种。

聚酯型人造石材是以不饱和聚酯为胶凝材料，配以天然大理石、花岗石、石英砂或氢氧化铝等无机粉状、粒状填料，经配料、搅拌、浇筑成型。在固化剂、催化剂作用下发生固化，再经脱模、抛光等工序制成的人造石材，如图 3-5 所示。

图 3-5　聚酯型人造石材

微晶玻璃型人造石材也叫微晶石，微晶石在行内称为微晶玻璃陶瓷复合板，它是新型的装饰建筑材料，是将一层 3～5mm 的微晶玻璃复合在陶瓷玻化石的表面，经二次烧结后完全融为一体的高科技产品，如图 3-6 所示。

图 3-6　微晶玻璃型人造石材

人造饰面石材特性及应用如表 3-2 所示。

人造饰面石材的特性及应用 表 3-2

名称	特　　性	应　　用
聚酯型人造石材	光泽度高、质地高雅、强度较高、耐水、耐污染、花色可设计性强，但耐刻划性较差，填料级配若不合理，产品易出现翘曲变形	可用于室内外墙面、柱面、楼梯面板、服务台面等部位的装饰装修
微晶玻璃型人造石材	具有大理石的柔和光泽、色差小、颜色多、装饰效果好、强度高、硬度高、吸水率极低、耐磨、抗冻、耐污、耐风化、耐酸碱、耐腐蚀、热稳定性好等特点	适用于室内外墙面、地面、柱面、台面

天然大理石和人造石有哪些区别呢？

3.1.3　饰面石材的检验

饰面石材的检验分为出厂检验和型式检验。有下列情况之一时，应进行型式检验：新建厂投产；荒料、生产工艺有重大改变；正常生产时，每一年进行一次。其相关检验要求见表 3-3、表 3-4、表 3-5。

名称	检验参数		抽样	判定
天然花岗石建筑板材	毛光板	厚度偏差	同一品种、类别、同一供货批的板材为一批；或按连续安装部位的板材为一批。 根据表 3-4 抽取样本	单块板材的所有检测结果均符合技术要求中相应等级时，则判定该块板材符合该等级。 根据样本检验结果，若样本中发现的等级不合格数小于或等于合格判定数（Ac），则判定该批符合该等级；若样本中发现的等级不合格数大于或等于不合格判定数（Re），则判定该批不符合该等级
		平面度公差		
		镜向光泽度		
		外观质量		
	普型板	规格尺寸偏差		
		平面度公差		
		角度公差		
		镜向光泽度		
		外观质量		
	圆弧板	规格尺寸偏差		
		角度公差		
		直线度公差		
		线轮廓度公差		
		外观质量		
天然大理石建筑板材	普型板	规格尺寸偏差	同一品种、类别、同一供货批的板材为一批；或按连续安装部位的板材为一批。 根据表 3-4 抽取样本	单块板材的所有检测结果均符合技术要求中相应等级时，则判定该块板材符合该等级。 根据样本检验结果，若样本中发现的等级不合格数小于或等于合格判定数（Ac），则判定该批符合该等级；若样本中发现的等级不合格数大于或等于不合格判定数（Re），则判定该批不符合该等级
		平面度公差		
		角度公差		
		镜向光泽度		
		外观质量		
	圆弧板	规格尺寸偏差		
		角度公差		
		直线度公差		
		线轮廓度公差		
		镜向光泽度		
		外观质量		

饰面石材抽样数量（单位：块） 表 3-4

批量范围	样本数	合格判定数（Ac）	不合格判定数（Re）
≤25	5	0	1
26～50	8	1	2
51～90	13	2	3
91～150	20	3	4
151～280	32	5	6
281～500	50	7	8
501～1200	80	10	11
1201～3200	125	14	15
≥3201	200	21	22

名称	检验参数	抽样	判定
天然花岗石建筑板材	加工质量	同出厂检验	同出厂检验
	外观质量		
	体积密度	从检验批中随机抽取双倍数量样品	试验结果均符合相应技术要求，则判定该批板材以上项目合格；有两项及以上不符合相应技术要求时，则判定该批板材为不合格；有一项不符合相应技术要求时，利用备样对该项目进行复检，复检结果合格时，则判定该批板材以上项目合格；否则判定该批板材为不合格
	吸水率		
	压缩强度		
	弯曲强度		
	耐磨性		
	放射性		
天然大理石建筑板材	加工质量	同出厂检验	同出厂检验
	外观质量		
	体积密度	从荒料上制取	有一项不符合相应技术要求时，则判定该批板材为不合格品
	吸水率		
	干燥压缩强度		
	弯曲强度		
	耐磨性		

本节现行常用标准目录

1.《天然石材术语》GB/T 13890—2008
2.《天然花岗石建筑板材》GB/T 18601—2009
3.《天然大理石建筑板材》GB/T 19766—2016
4.《天然饰面石材试验方法》GB/T 9966.1～9966.8—2001
5.《建筑材料放射性核素限量》GB 6566—2010
6.《民用建筑工程室内环境污染控制规范（2013 年版）》GB 50325—2010

习　　题

一、单项选择题（每题的备选项中，只有 1 个最符合题意）

1. 天然花岗石板材常用于室外工程的最主要原因是（　　）。

A. 耐酸
B. 密度大
C. 抗风化
D. 强度高

2. 花岗石属于（　　）石材。

A. 酸性硬
B. 酸性软
C. 碱性硬
D. 碱性软

3. 下列天然花岗石板材的类型中，属于按其表面加工程度分类的是（　　）。

A. 毛光板（MG）
B. 圆弧板（HM）
C. 镜面板（JM）
D. 普型板（PX）

4. 关于花岗石特性的说法，正确的是（　　）。

A. 强度低   B. 密度小

C. 吸水率极低   D. 属碱性硬石材

5. 关于大理石特性的说法,正确的是( )。

A. 抗压强度较低   B. 吸水率高

C. 质地坚硬   D. 属碱性中硬石材

6. 大理石常用于室内工程的最主要原因是( )。

A. 质地较密实   B. 抗压强度较高

C. 吸水率低   D. 耐酸腐蚀性差

7. 关于人造饰面石材的特点,下列各项中正确的是( )。

A. 强度低   B. 耐腐蚀

C. 价格高   D. 易污染

二、多项选择题（每题的备选项中,有 2 个或 2 个以上符合题意,至少有 1 个错项）

1. 关于花岗石特征的说法,正确的有( )。

A. 强度高   B. 构造致密

C. 密度大   D. 吸水率极低

E. 属碱性硬石材

2. 天然花岗石毛光板评定等级的依据有( )。

A. 厚度偏差   B. 平面度公差

C. 外观质量   D. 规格尺寸偏差

E. 角度公差

3. 关于大理石特征的说法,正确的有( )。

A. 质地较密实   B. 抗压强度较高

C. 吸水率低   D. 质地较软

E. 属酸性中硬石材

4. 关于大理石特征的说法,正确的有( )。

A. 质地较密实   B. 抗压强度较高

C. 吸水率低   D. 质地较软

E. 属酸性中硬石材

5. 关于人造饰面石材特征的说法,正确的有( )。

A. 重量轻   B. 强度小

C. 厚度薄   D. 色泽鲜艳

E. 装饰性差

3.2 建筑卫生陶瓷的特性及应用

陶瓷通常是指以黏土为主要原料，经原料处理、成型、焙烧而成的无机非金属材料。陶瓷可分为陶和瓷两大部分。介于陶和瓷二者之间的产品，称为炻，也称为半瓷或石胎磁。陶和炻通常又按其细密性、均匀性各分为精、粗两种。

根据《陶瓷砖》GB/T 4100—2015 相关规定，陶瓷砖按材质分为瓷质砖（吸水率≤0.5%）、炻瓷砖（0.5%＜吸水率≤3%）、细炻砖（3%＜吸水率≤6%）、炻质砖（6%＜吸水率≤10%）、陶质砖（吸水率＞10%）。

建筑卫生陶瓷包括建筑陶瓷和卫生陶瓷。建筑陶瓷主要是干压陶瓷砖、琉璃瓦等用于建筑装饰的陶瓷制品的总称。卫生陶瓷主要包括洗面器、坐便器、蹲便器、小便器、水槽、水箱等陶瓷制品。

3.2.1 干压陶瓷砖的特性及应用

常用干压陶瓷砖按应用特性分为釉面内墙砖、陶瓷墙地砖和陶瓷锦砖。

1. 釉面内墙砖

陶制砖可分为有釉陶制砖（如图 3-7 所示）和无釉陶制砖（如图 3-8 所示）两种。其中有釉陶制砖即釉面内墙砖应用最为广泛，属于薄型陶质制品。

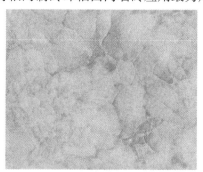 

图 3-7　有釉陶制砖　　　　图 3-8　无釉陶制砖

釉面内墙砖是指因在精陶面上挂有一层釉，故称釉面砖。由于釉面砖表面有一层致密的釉层，因此表面抗污染能力极强，釉面通常包括底釉和面釉，如果底釉质量差，瓷砖容易被从背面污染而在正面显现，如图 3-9 所示。

图 3-9　釉面内墙砖

2. 陶瓷墙地砖

陶瓷墙地砖为陶瓷外墙面砖和室内外陶瓷铺地砖（如图 3-10 所示）的统称。由于目前陶瓷生产原料和工艺的不断改进，这类砖在材质上可满足墙地两用，故统称为陶瓷墙地砖。墙地砖采用陶土质黏土为原料，经压制成型再高温（1100℃ 左右）焙烧而成，坯体带色。

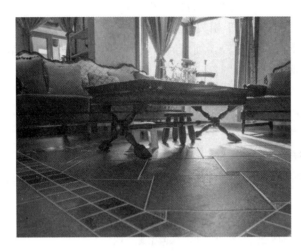

图 3-10　陶瓷铺地砖

3. 陶瓷锦砖

陶瓷锦砖又名马赛克，它是用优质瓷土烧成，一般做成 18.5mm×18.5mm×5 mm、39mm×39mm×5mm 的小方块，或边长为 25mm 的六角形等。这种制品出厂前已按各种图案反贴在牛皮纸上，每张大小约 30cm 见方，称作一联，其面积约 0.093m²，每 40 联为一箱，每箱约 3.7m²。如图 3-11 所示。

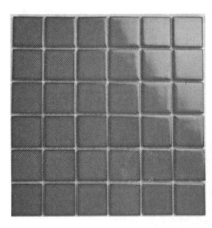

图 3-11　陶瓷锦砖

4. 干压陶瓷砖的性能及应用

干压陶瓷砖的性能及应用见表 3-6。

名　称	特　性	应　用
釉面内墙砖	釉面内墙砖强度高，表面光亮、防潮、易清洗、耐腐蚀、变形小、抗急冷急热。表面细腻、色彩和图案丰富，风格典雅，极富装饰性	主要用于民用住宅、宾馆、医院、学校、试验室等要求耐污、耐腐蚀、耐清洗的场所或部位，如浴室、厕所、盥洗室等，既有明亮清洁之感，又可保护基体，延长使用年限。用于厨房的墙面装饰，不但清洗方便，还可兼有防火功能
陶瓷墙地砖	陶瓷墙地砖为陶瓷外墙面砖和室内外陶瓷铺地砖的统称。陶瓷墙地砖具有强度高、致密坚实、耐磨、吸水率小（小于10％）、抗冻、耐污染、易清洗、耐腐蚀、耐急冷急热、经久耐用等特点	主要用于装饰等级要求较高的公用与民用建筑室外墙面、柱面及室内、外地面等处
陶瓷锦砖	陶瓷锦砖具有色彩多样，组合图案丰富，质地坚硬、抗冻、抗渗、耐腐蚀、防火、防水、防滑、耐磨、易清洗等特点	可用于建筑室内，又可用于建筑室外的公用与民用建筑墙面、柱面及地面等处

挑选瓷砖需要注意哪些事项呢？

3.2.2　卫生陶瓷的特性及应用

卫生陶瓷（如图 3-12 所示）根据材质分为瓷质卫生陶瓷（吸水率要求不大于 0.5％）和陶质卫生陶瓷（吸水率大于或等于 8.0％，小于 15.0％）。陶瓷卫生产品的主要技术指标是吸水率，它直接影响到洁具的清洗性和耐污性，高档卫生陶瓷吸水率要求不大于 0.5％。

图 3-12　卫生陶瓷

卫生陶瓷耐急冷急热要求必须达到标准要求。卫生洁具要求有光滑的表面，不易沾污。节水型和普通型坐便器的用水量（便器用水量是指一个冲水周期所用的水量）分别不大于 6L 和 9L；节水型和普通型蹲便器的用水量分别不大于 8L 和 11L，节水型和普通型小便器用水量分别不大于 3L 和 5L。

卫生陶瓷性能及应用见表 3-7。

卫生陶瓷的性能及应用　　　　　　　　　　　　　表 3-7

名称	特　性	应　用
陶质卫生产品	具有质地洁白、色泽柔和、釉面光亮、细腻、造型美观、性能良好等特点	主要用于洗面器、浴缸和大小便器
瓷质卫生产品		

3.2.3　建筑陶瓷的进场验收

1. 抽样检验方案

陶瓷砖的抽样检验系统采用两次抽样方案，一部分采用计数（单个值）检验方法；一部分采用计量（平均值）检验方法。对每项性能试验所需的样本量见表 3-8。

2. 检验批的构成

检验批是由同一生产厂生产的同品种同规格的产品批中提交检验批。一个检验批可以由一种或多种同质量产品构成。任何可能不同质量的产品应假设为同质量的产品，才可以构成检验批。

如果不同质量与试验性能无关，可以根据供需双方的一致意见，视为同质量。例如，具有同一坯体而釉面不同的产品，尺寸和吸水率可能相同，单表面质量是不相同的；同样，配件产品只是在样本中保持形状不同，而在其他性能方面认为是相同的。

3. 检验范围

经供需双方商定而选择的试验性能，可根据检验批的大小而定。原则上只对检验批大于 5000m² 的砖进行全部项目的检验。对检验批少于 1000m² 的砖，通常认为没有必要进行检验。

抽取进行试验的检验批的数量，应得到有关方面的同意。

4. 抽样

取样品的地点由供需双方商定。可同时从现场每一部分抽取一个或多个具有代表性的样本。样本应从检验批中随机抽取。抽取两个样本，第二个样本不一定要检验。每组样本应分别包装和加封，并做出经有关方面认可的标记。

对每项性能试验所需的砖的数量可分别在表 3-8 中的第 2 列"样本量"栏内查出。

5. 检验

建筑陶瓷常检参数及抽样、判定见表 3-8。

6. 检验批的接收规则

（1）计数检验

1）第一样本检验得出的不合格品数等于或小于规定的第一接收数 Ac_1 时，则该检验批可接收。

2）第一样本检验得出的不合格品数等于或大于规定的第一拒收数 Re_1 时，则该检验批可拒收。

性能	样本量		计数检验				计量检验				试验方法
			第一样本		第一样本＋第二样本		第一样本		第一样本＋第二样本		
	第一次	第二次	接收数 Ac_1	拒收数 Re_1	接收数 Ac_2	拒收数 Re_2	接收	第二次抽样	接收	拒收	
吸水率	5^d	5^d	0	2	1	2	$\overline{X}_1>L^e$	$\overline{X}_1<L$	$\overline{X}_2>L$	$\overline{X}_2<L$	GB/T 3810.3—2016
	10	10	0	2	1	2	$\overline{X}_1<U^f$	$\overline{X}_1>U$	$\overline{X}_2<U$	$\overline{X}_2>U$	
断裂模数	5	5	0	2	1	2	$\overline{X}_1>L$	$\overline{X}_1<L$	$\overline{X}_2>L$	$\overline{X}_2<L$	GB/T 3810.4—2016
	7^g	7^g	0	2	1	2					
	10	10	0	2	1	2					
破坏强度	5	5	0	2	1	2	$\overline{X}_1>L$	$\overline{X}_1<L$	$\overline{X}_2>L$	$\overline{X}_2<L$	GB/T 3810.4—2016
	7^g	7^g	0	2	1	2					
	10	10	0	2	1	2					
抗热震性	5	5	0	2	1	2	—	—	—	—	GB/T 3810.9—2016

　　3）第一样本检验得出的不合格品数介于第一接收数 Ac_1 与第一拒收数 Re_1 之间时，应再抽取与第一样本大小相同的第二样本进行检验。

　　4）累计第一样本和第二样本经检验得出的不合格品数。

　　5）若不合格品累计数等于或小于规定的第二接收数 Ac_2 时，则该验收批可接收。

　　6）若不合格品累计数等于或大于规定的第二拒收数 Re_2 时，则该检验批可拒收。

　　7）当有关产品标准要求多于一项试验性能时，抽取的第二样本只检验根据第一样本检验其不合格品数在接收数 Ac_1 和拒收数 Re_1 之间的检验项目。

　　（2）计量检验

　　1）若第一样本的检验结果的平均值满足要求，则该检验批可接收。

　　2）若第一样本检验结果平均值不满足要求，应抽取与第一样本大小相同的第二样本。

　　3）若第一样本和第二样本所有检验结果的平均值满足要求，则该检验批接收；否则可拒收。

本节现行常用标准目录

1.《陶瓷砖》GB/T 4100—2015

2.《陶瓷砖试验方法》GB/T 3810.1～3810.16—2016

习　　题

一、单项选择题（每题的备选项中，只有 1 个最符合题意）

1. 根据现行规范规定，瓷质卫生陶瓷的吸水率最大值是(　　)

A. 0.3%

B. 0.4%

C. 0.5%

D. 0.6%

2. 根据现行规范规定，陶质卫生陶瓷的吸水率最大值是(　　)

A. 8.0%

B. 12.0%

C. 15%

D. 16.0%

二、多项选择题（每题的备选项中，有2个或2个以上符合题意，至少有1个错项）

1. 关于釉面内墙砖特征的说法，正确的有(　　)

A. 强度高

B. 防潮

C. 不易清洗

D. 耐腐蚀

E. 变形大

2. 关于陶瓷墙地砖特征的说法，正确的有(　　)

A. 强度低

B. 耐磨

C. 吸水率大

D. 易清洗

E. 耐急冷急热

3.3　木材、木制品的特性及应用

木材是人类使用历史最长的建筑材料之一，其以温暖的质感，丰富的纹理，隔热、抗冲击、轻质高强、易加工等众多特点，而一直为建筑工程行业所青睐。但由于其成材周期较长，加上各种天灾（森林火灾、虫灾等）人祸（滥砍、滥伐等）的影响，使得木材的资源越来越紧张，价格越来越高，因此，保护木材资源，合理应用木材是现代建筑工程行业应该重视的问题。

3.3.1　木材的特性及应用

1. 树木的分类及性质

木材是由树木加工而成的。一般可将树木分为针叶树和阔叶树两大类。

针叶树常称为软木材，包括松树、杉树和柏树等。树干通直，易得大材，如图3-13所示。

阔叶树常称为硬木材，包括榆树、桦树、水曲柳、檀树等众多树种。阔叶树大多数为落叶树，树干通直部分较短，不易得大材，如图3-14所示。

图 3-13 针叶树   图 3-14 阔叶树

树木的特性及应用见表 3-9。

木材的特性及应用

表 3-9

名称	特　　　性	应　　　用
针叶树	木质较软，易于加工，强度较高，体积密度小，胀缩变形小	主要的建筑用材。主要用作承重构件、装修和装饰部件
阔叶树	体积密度较大，胀缩变形大，易翘曲开裂	建筑中常用作尺寸较小的装修和装饰构件，特别适于作室内装修、家具及胶合板、拼花地板等装饰材料

2. 木材的湿胀干缩与变形

由于木材构造的不均匀性，木材的变形在各个方向上也不同；顺纹方向最小，径向较大（如图 3-15 所示），弦向最大。因此，湿材干燥后，其截面尺寸和形状会发生明显的变化。

图 3-15 木材的径向

湿胀干缩将影响木材的使用。干缩会使木材翘曲、开裂、接榫松动（如图 3-16 所示）、拼缝不严。湿胀可造成表面鼓凸，所以木材在加工或使用前应预先进行干燥，使其接近于与环境湿度相适应的平衡含水率。

图 3-16　榫卯连接

3.3.2　实木地板的特性及应用

实木地板是天然木材经烘干、加工后形成的地面装饰材料，如图 3-17 所示。又名原木地板，是用实木直接加工成的地板。实木地板的特性及应用见表 3-10。

图 3-17　实木地板

实木地板的特性及应用　　　　　　　　　　　　　　　　　　　表 3-10

名　　称	特　　点	用　　途
实木地板	质感强、弹性好、脚感舒适、美观大方	适用于体育馆、练功房、舞台、住宅等地面装饰

3.3.3　人造木地板的特性及应用

人造木地板分为实木复合地板、浸渍纸层压木质地板、软木地板和竹地板。

1. 实木复合地板

实木复合地板（如图 3-18 所示），由三层实木交错层压形成，表层为优质硬木规格板条镶拼成，常用树种为水曲柳、桦木、山毛榉、柞木、枫木、樱桃木等。中间为软木板条，底层为旋切单板，排列呈纵横交错状。

2. 浸渍纸层压木质地板

浸渍纸层压木质地板以一层或多层专用纸浸渍热固性氨基树脂，铺装在刨花板、中密度纤维板、高密度纤维板等人造板表面，背面加平衡层，正面加耐磨层，经热压而成的地

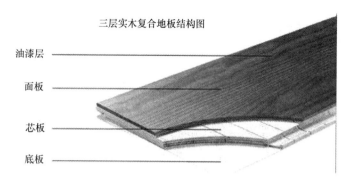

图 3-18　实木复合地板

板。亦称强化木地板。如图 3-19 所示。

图 3-19　浸渍纸层压木质地板

3. 软木地板

软木地板原料为栓树皮，可再生，属于绿色建材。如图 3-20 所示。

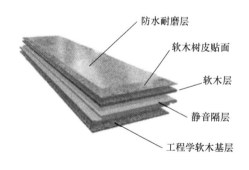

图 3-20　软木地板

4. 竹地板

竹地板主要制作材料是竹子，采用粘胶剂，施以高温高压而成。经过脱去糖分、脂、淀粉肪、蛋白质等特殊无害处理后的竹材。竹的成材周期短，以竹代木，可以节约木材资源。如图 3-21 所示。

人造木地板的特性及应用见表 3-11。

图 3-21　竹地板

人造木地板的特性及应用　　　　　　　　　　　　　　　表 3-11

名　称	特　性	应　用
实木复合地板	既具有实木地板的优点，又有效地调整了木材之间的内应力，不易翘曲开裂；既适合普通地面铺设，又适合地热供暖地板铺设。面层木纹自然美观，可避免天然木材的疵病，安装简便	适用于家庭居室、客厅、办公室、宾馆等中高档地面铺设
浸渍纸层压木质地板	规格尺寸大、花色品种较多、铺设整体效果好、色泽均匀，视觉效果好；表面耐磨性高，有较高的阻燃性能，耐污染腐蚀能力强，抗压、抗冲击性能好。便于清洁、护理，尺寸稳定性好，不易起拱。铺设方便，可直接铺装在防潮衬垫上。价格较便宜，但密度较大、脚感较生硬、可修复性差	适用于办公室、写字楼、商场、健身房、车间等地面的铺设
软木地板	绝热、隔振、防滑、防潮、阻燃、耐水、不霉变、不易翘曲和开裂、脚感舒适、有弹性	适用于家庭居室、商店、走廊、图书馆等人流大的地面铺设
竹地板	华丽高雅、足感舒适，物理力学性能与实木复合地板相似，湿胀干缩及稳定性优于实木地板。具有超强的防虫蛀功能。地板无毒，牢固稳定，不开胶，不变形	适用于住宅、宾馆和写字间等的高级装潢材料，主要用于室内地面装饰

强化复合地板与实木地板有哪些区别呢？

3.3.4 人造木板的特性及应用

人造木板是用多层微薄单板或用木纤维、刨花、木屑、木丝等松散材料以粘结剂热压成型的板材。人造木板分为胶合板、纤维板、刨花板和细木工板。

1. 胶合板

胶合板亦称层压板，如图 3-22 所示。由蒸煮软化的原木，旋切成大张薄片，然后将各张木纤维方向相互垂直放置，用耐水性好的合成树脂胶粘结，再经加压、干燥、锯边、表面修整而成的板材。其层数成奇数，一般为 3~13 层，分别称为三合板、五合板等。用来制作胶合板的树种有椴木、桦木、水曲柳、榉木、色木、柳桉木等。

图 3-22　胶合板

2. 纤维板

纤维板是将树皮、刨花、树枝等废料经破碎、浸泡、研磨成木浆，再经加压成型、干燥处理而制成的板材，如图 3-23 所示。因成型时温度和压力不同，可分为硬质、中密度、软质三种。纤维板构造均匀，完全克服了木材的各种缺陷，不易变形、翘曲和开裂，各向同性，硬质纤维板可代替木材用于室内墙面、顶棚等。软质纤维板可用作保温、吸声材料。

图 3-23　纤维板

3. 刨花板

刨花板是利用施加或未施加胶料的木刨花或木质纤维料压制的板材，如图 3-24 所示。

4. 细木工板

细木工板是利用木材加工过程中产生的边角废料，经整形、刨光施胶、拼接、贴面而

图 3-24　刨花板

制成的一种人造板材，如图 3-25 所示。板芯一般采用充分干燥的短小木条，板面采用单层薄木或胶合板。

图 3-25　细木工板

人造木板的特性及应用见表 3-12。

人造木板的特性及应用

表 3-12

名称	特　性	应　用
胶合板	变形小，收缩率小，没有木结、裂纹和缺陷，而且表面平整，有美丽花纹，极富装饰性	常用作隔墙、顶棚、门面板、墙裙等
纤维板	构造均匀，完全克服了木材的各种缺陷，不易变形、翘曲和开裂，各向同性	硬质纤维板可代替木材用于室内墙面、顶棚等；软质纤维板可用作保温、吸声材料；普通型用于展览会用的临时展板、隔墙板；家具型用于家具制造、橱柜制作、装饰装修件、细木工制品等；承重型用于室内地面铺设、棚架、室内普通建筑部件等
刨花板	密度小，材质均匀，但易吸湿，强度不高	可用于保温、吸声或室内装饰等
细木工板	板材构造均匀、尺寸稳定、幅面较大、厚度较大	可用于家具、门窗及套、隔断、假墙、暖气罩、窗帘盒、门套等

3.3.5　木制品的环保性能检测

对于需要进行环保性能检测的木制品，质检员应按有关规定，必要时，应邀请甲方或监理进行见证，并履行相应手续。材料检测完毕后，应获取并保存材料检测报告作为材料环保性能控制的记录。木制品常见环保性能检测项目见表3-13。

木制品环保性能检测 表3-13

名称	级别标志	甲醛释放限量值（mg/L）	抽样数量	试验方法
人造木地板	A类	≤9mg/100g	室内使用面积大于500m²时，应对不同产品、不同批次材料的游离甲醛含量或游离甲醛释放量分别进行抽查复验	《人造板及饰面人造板理化性能试验方法》GB/T 17657—2013《建筑材料放射性核素限量》GB 6566—2010
	B类	>9～40mg/100g		
胶合板	E₀	≤0.5mg/L		
	E₁	≤1.5mg/L		
	E₂	≤5.0mg/L		

本节现行常用标准目录

1.《实木地板》GB/T 15036.1～15036.2—2009
2.《室内装饰装修材料 人造板及其制品中甲醛释放限量》GB/T 18580—2017
3.《人造板及饰面人造板理化性能试验方法》GB/T 17657—2013
4.《建筑材料放射性核素限量》GB 6566—2010
5.《民用建筑工程室内环境污染控制规范（2013年版）》GB 50325—2010

习　题

一、单项选择题（每题的备选项中，只有1个最符合题意）

1. 关于针叶树特点的说法中正确的是(　　)。
A. 密度较大　　　　　　　　　B. 胀缩变形大
C. 强度较低　　　　　　　　　D. 木质较软

2. 木材由于其构造不均匀，胀缩变形各方向不同，其变形按从大到小顺序排列的是(　　)。
A. 顺纹、径向、弦向　　　　　B. 径向、弦向、顺纹
C. 弦向、径向、顺纹　　　　　D. 顺纹、弦向、径向

3. 适用于体育馆、练功房、舞台、住宅等地面装饰的木地板是(　　)。
A. 软木地板　　　　　　　　　B. 复合木地板
C. 强化木地板　　　　　　　　D. 实木地板

4. 适用家庭居室、客厅、办公室、宾馆等中高档地面铺设的木地板是(　　)。
A. 软木地板　　　　　　　　　B. 复合木地板
C. 强化木地板　　　　　　　　D. 实木地板

二、多项选择题（每题的备选项中，有2个或2个以上符合题意，至少有1个错项）

1. 关于实木地板特性的说法，正确的有（　　）。

A. 质感强 　　　　　　　　　　B. 弹性好

C. 脚感舒适 　　　　　　　　　D. 美观大方

E. 抗冲击性能好

2. 关于实木地板特性的说法，正确的有（　　）。

A. 质感强 　　　　　　　　　　B. 弹性好

C. 脚感舒适 　　　　　　　　　D. 美观大方

E. 抗冲击性能好

3. 关于软木地板特性的说法，正确的有（　　）。

A. 绝热 　　　　　　　　　　　B. 隔振

C. 防滑 　　　　　　　　　　　D. 不阻燃

E. 不可再生

4. 关于胶合板特性的说法，正确的有（　　）。

A. 变形小 　　　　　　　　　　B. 收缩率小

C. 有裂纹 　　　　　　　　　　D. 无花纹

E. 极富装饰性

3.4　建筑玻璃的性能及应用

玻璃是现代建筑十分重要的室内外装饰材料之一。玻璃是以石英砂、纯碱、石灰石、长石等为主要原料，经1550～1600℃高温熔融、成型、冷却并裁割而得到的有透光性的固体材料。常用的建筑玻璃有四类：平板玻璃、装饰玻璃、安全玻璃、节能玻璃。

3.4.1　平板玻璃的特性及应用

根据国家标准《平板玻璃》GB 11614—2009的规定，平板玻璃（如图3-26所示）按其公称厚度，可分为2mm、3mm、4mm、5mm、6mm、8mm、10mm、12mm、15mm、19mm、22mm、25mm共12种规格（毫米俗称为"厘"）。

 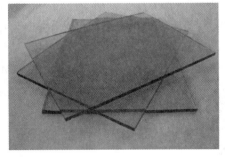

图3-26　平板玻璃

平板玻璃的特性及应用见表 3-14。

平板玻璃的特性及应用　　　　　　　　　　表 3-14

名称	优　　　点	缺　　点	应　　　用
平板玻璃	透视、透光性能好，对太阳光中近红外热射线的透过率较高，可产生明显的"暖房效应"；隔声、有一定的保温性能；有较高的化学稳定性；硬度高，耐磨性好；尺寸稳定性好	热稳定性较差，急冷急热，易发生炸裂	3～5mm 的平板玻璃可用于有框门窗的采光，8～12mm 的平板玻璃可用于隔断、橱窗、无框门；另一重要用途可作为钢化、夹层、镀膜、中空等深加工玻璃的原片

3.4.2　装饰玻璃的特性及应用

装饰玻璃是将普通平板玻璃的表面在生产过程中或后期进行特殊处理，使其具有一定的颜色、图案和质感等，以满足建筑装饰对玻璃的不同要求。装饰玻璃常用的有彩色平板玻璃（如图3-27 所示）、釉面玻璃（如图 3-28 所示）、压花玻璃（如图 3-29 所示）、喷花玻璃（如图 3-30所示）、乳花玻璃（如图 3-31 所示）、刻花玻璃（如图 3-32 所示）、冰花玻璃（如图 3-33 所示），其特性及应用见表 3-15。

图 3-27　彩色平板玻璃

图 3-28　釉面玻璃

图 3-29　压花玻璃

图 3-30　喷花玻璃

图 3-31　乳花玻璃

图 3-32　刻花玻璃　　　　　　　　　　图 3-33　冰花玻璃

装饰玻璃的特性及应用 表 3-15

名　称	特　性	应　用
彩色平板玻璃（有色玻璃或饰面玻璃）	可以拼成各种图案，耐腐蚀、抗冲刷、易清洗	主要用于建筑物的内外墙、门窗装饰及对光线有特殊要求的部位
釉面玻璃	图案精美，不褪色，不掉色，易于清洗，可按用户的要求或艺术设计图案制作；良好的化学稳定性和装饰性	广泛用于室内饰面层、一般建筑物门厅和楼梯间的饰面层及建筑物外饰面层
压花玻璃（花纹玻璃或滚花玻璃）	透光而不透视，具有私密性	主要用于室内的间壁、窗门、会客厅、浴室、洗脸间等需要透光装饰又需要遮断视线的场所，并可用于飞机场候机厅、门厅等作艺术装饰
喷花玻璃（胶花玻璃）	部分透光透视、部分透光不透视，具有图案清晰、美观的装饰效果	适用于室内门窗、隔断和采光
乳花玻璃	花纹柔和、清晰、美丽，富有装饰性	适用于室内门窗、隔断和采光
刻花玻璃	图案的立体感强	主要用于高档场所的室内隔断或屏风
冰花玻璃	对通过的光线有漫射作用，花纹自然、质感柔和、透光不透明、视感舒适	主要用于宾馆、酒楼、饭店、酒吧间等场所的门窗、隔断、屏风和家庭装饰

3.4.3　安全玻璃的特性及应用

　　玻璃是脆性材料，当外力超过一定数值时即碎裂成具有尖锐棱角的碎片，破坏时几乎没有塑性变形。为了减少玻璃的脆性、提高强度，改变玻璃破碎时带尖锐棱角的碎片飞溅容易伤人的现象，对普通玻璃进行增强处理，或与其他玻璃复合，这类玻璃称为安全玻璃，常用的安全玻璃有防火玻璃、钢化玻璃、夹丝玻璃、夹层玻璃。

　　防火玻璃是经特殊工艺加工和处理、在规定的耐火试验中能保持其完整性和隔热性的特种玻璃，如图 3-34 所示。防火玻璃原片可选用浮法平板玻璃、钢化玻璃，复合防火玻璃原片还可选用单片防火玻璃制造。

　　钢化玻璃（如图 3-35 所示）是用物理的或化学的方法，在玻璃的表面上形成一个压

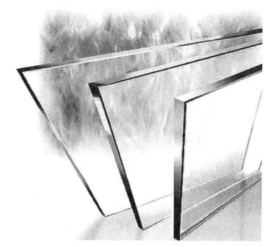

图 3-34　防火玻璃

图 3-35　钢化玻璃

应力层，而内部处于较大的拉应力状态，内外拉压应力处于平衡状态。玻璃本身具有较高的抗压强度，表面不会造成破坏的玻璃品种。当玻璃受到外力作用时，这个压应力层可将部分拉应力抵消，避免玻璃的碎裂，从而达到提高玻璃强度的目的。

夹丝玻璃也称防碎玻璃或钢丝玻璃，如图 3-36 所示。它是由压延法生产的，即在玻璃熔融状态时将经预热处理的钢丝或钢丝网压入玻璃中间，经退火、切割而成。夹丝玻璃表面可以是压花的或磨光的，颜色可以制成无色透明或彩色的。

夹层玻璃是玻璃与玻璃和（或）塑料等材料，用中间层分隔并通过处理使其粘结为一体的复合材料的统称，如图 3-37 所示。常见和大多使用的是玻璃与玻璃，用中间层分隔并通过处理使其粘结为一体的玻璃构件。而安全夹层玻璃是指在破碎时，中间层能够限制其开口尺寸并提供残余阻力以减少割伤或扎伤危险的夹层玻璃。用于生产夹层玻璃的原片可以是浮法玻璃、钢化玻璃、着色玻璃、镀膜玻璃等。夹层玻璃的层数有 2、3、5、7 层，最多可达 9 层。

安全玻璃的特性及应用见表 3-16。

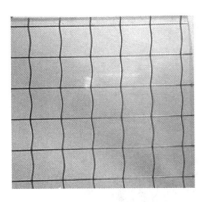

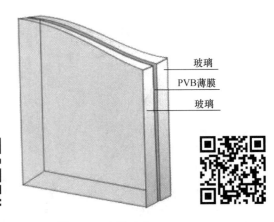

玻璃
PVB薄膜
玻璃

图 3-36 夹丝玻璃　　　　　　　　　　　　图 3-37 夹层玻璃

安全玻璃的特性及应用　　　　　　　　　表 3-16

名称	特　性	应　用
防火玻璃	优越的防火性能、强度高、安全性好、耐候性高、使用时不能切割	主要用于有防火隔热要求的建筑幕墙、隔断等构造部位
钢化玻璃	机械强度高，弹性好，热稳定性好，碎后不易伤人，可发生自爆。使用时不能切割、磨削、边角亦不能碰击挤压，需按现成的尺寸规格选用或提出具体设计图纸进行加工定制	常用作建筑物的门窗、隔墙、幕墙、橱窗、家具以及电话亭、车、船、设备等的门窗、观察孔等
夹丝玻璃	良好的安全性和防火性；具有一定的防盗抢性；可以切割，但断口处裸露的金属丝要做防锈处理，以防锈体体积膨胀，引起玻璃"锈裂"	适用于建筑的天窗、采光屋顶、阳台及须有防盗、防抢功能要求的营业柜台的遮挡部位
夹层玻璃	透明度好；抗冲击性比一般平板玻璃高几倍，玻璃即使破碎时，碎片也不会散落伤人；耐久、耐热、耐湿、耐寒、防紫外线、隔声等。不能切割，需要选用定型产品或按尺寸定制	主要用作高层建筑的门窗、天窗、楼梯栏板和有抗冲击作用要求的商店、银行、橱窗、隔断及水下工程等安全性能高的场所或部位等

3.4.4　节能玻璃的特性及应用

节能玻璃是指能有效地反射太阳光线，包括对太阳光中的远红外线有较高反射比的玻璃及玻璃制品。建筑用节能玻璃常见的主要有着色玻璃、镀膜玻璃、中空玻璃、真空玻璃。

着色玻璃是一种既能显著地吸收阳光中热作用较强的近红外线，而又保持良好透明度的节能装饰型玻璃，如图3-38所示。着色玻璃通常都带有一定的颜色，所以也称为着色吸热玻璃。

镀膜玻璃分为阳光控制镀膜玻璃（如图 3-39 所示）和低辐射镀膜玻璃

图 3-38 着色玻璃

（如图 3-40 所示），是一种既能保证可见光良好透过又可有效反射热射线的节能装饰型玻璃。镀膜玻璃是由无色透明的平板玻璃镀覆金属膜或金属氧化物而制得。

图 3-39　阳光控制镀膜玻璃　　　图 3-40　低辐射镀膜玻璃

中空玻璃是由两片或多片玻璃以有效支撑均匀隔开并周边粘接密封，使玻璃层间形成干燥气体空间，从而达到保温隔热效果的节能玻璃制品。中空玻璃按玻璃层数，有双层和多层之分，一般是双层结构。可采用无色透明玻璃、热反射玻璃、吸热玻璃或钢化玻璃等作为中空玻璃的基片。

真空玻璃是指两片或两片以上平板玻璃以支撑物隔开，周边密封，在玻璃间形成真空层的玻璃制品。

真空玻璃和中空玻璃的性能在很多方面存在着差异：

（1）保温隔热性能

真空玻璃的传热系数比中空玻璃低得多，保温隔热性能明显优于中空玻璃。

（2）隔声性能

真空玻璃的隔声性能比中空玻璃好，特别是在低频和中频段。测试表明，真空玻璃在大部分的音域都比间隔 6mm 的中空玻璃隔声性能好。

（3）厚度与质量

真空玻璃两块玻璃的间隔约为 0.1～0.2mm，中空玻璃最小要 6mm，因此真空玻璃比中空玻璃厚度薄、质量轻。这个优点可以大大减轻建筑承受的荷载，节约框材。另外，真空玻璃还适用于旧建筑物的节能改造，无需更换窗框，直接更换玻璃或在内部加装一层玻璃即可。

（4）防结露、结霜性能

真空玻璃四周密封，内部为真空状态，其内部不存在结露的可能。此外，在室外温度较低的情况下，真空玻璃室内侧表面温度高于中空玻璃。而且由于两层玻璃间隔内没有空气，也就不存在由内部水汽结露而影响透明度的问题，这在寒冷地区尤为重要。

（5）应用地域

真空玻璃由于内部为真空状态，不存在中空玻璃运到高原低气压地区的胀裂问题，可应用于平原以及高海拔地区。

（6）密封性能

中空玻璃采用金属间隔条双道密封胶密封，时间久密封胶易老化；真空玻璃采用无机材料玻璃钎焊料封接，耐久性更好。

中空玻璃和真空玻璃在结构上的区别如图 3-41 和表 3-17 所示。

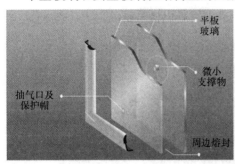
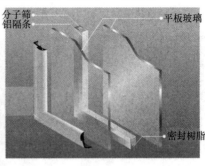

图 3-41 中空玻璃和真空玻璃的结构区别

中空玻璃和真空玻璃的结构差异 表 3-17

项 目	玻 璃 类 别	
	真空玻璃	中空玻璃
四周支撑物及材料	无机低熔点玻璃粉（四周支撑和密封）	间隔条（四周支撑）、有机胶密封
抽气口	玻璃粉密封	无
间隔层	真空	空气或惰性气体
间隔层厚度	0.1～0.2mm	6～24mm
吸附剂	吸气剂（吸附真空层中的残余气体）	干燥剂（吸附渗入的水汽）
中间微小支撑物	有	无

节能玻璃的特性及应用见表 3-18。

节能玻璃的特性及应用 表 3-18

名称	分 类	特 点	应 用
着色玻璃	—	有效吸收太阳的辐射热，产生"冷室效应"；避免眩光并改善室内色泽；防止紫外线对室内物品的褪色和变质；色泽鲜丽，经久不变	凡既需采光又需隔热之处均可采用。多用作建筑物的门窗或玻璃幕墙
镀膜玻璃	阳光控制镀膜玻璃	良好的隔热性，避免"暖房效应"；单向透视性和映像功能；良好的节能和装饰效果。但使用面积过大会造成光污染。单面镀膜玻璃在安装时，应将膜层面向室内，以提高膜层的使用寿命和取得节能的最大效果	主要用作建筑门窗玻璃、幕墙玻璃，还可用于制作高性能中空玻璃
	低辐射镀膜玻璃（Low-E）	对可见光有较高的透过率；有效阻挡阳光中的热射线和室内物体所辐射的热射线；优异的隔热、保温性能。低辐射镀膜玻璃一般不单独使用，往往与普通平板玻璃、浮法玻璃、钢化玻璃等配合，制成高性能的中空玻璃	适用于对阳光辐射有控制要求的建筑幕墙、外门窗等部位

名　称	分　　类	特　　点	应　　用
中空玻璃	—	光学性能好；保温隔热、降低能耗；防结露；良好的隔声性能	主要用于保温隔热、隔声等功能要求较高的建筑物，也广泛用于车船等交通工具
真空玻璃	1类（$K \leqslant 1.0$）	比中空玻璃有更好的隔热保温、隔声性能	应用广泛。不受环境气压的影响，适用于各种海拔地区；同时，应用于建筑物的各个位置都能保持其优异的性能不变，不存在中空玻璃平放时气体对流加大导致性能降低的问题
	2类（$1.0 < K \leqslant 2.0$）		
	3类（$2.0 < K \leqslant 2.8$）		

3.4.5　玻璃的验收和储运

1. 资料验收

对于各类玻璃来说，在工程上验收时，首先要验收供货商提供的各种资料，主要包括出厂合格证、质保书、检验报告。特别要注意的是：安全玻璃还需要检验其3C认证的标志及年度监督检查报告，如果中空玻璃的原片玻璃经过钢化，也需追溯检查其钢化玻璃的3C认证的标志及年度监督检查报告。

（1）出厂合格证、质保书和3C认证

出厂合格证上通常列出该批产品出厂检验的数据、检验人员的工号，并注明该产品是合格产品。

质保书比出厂合格证内容更丰富，是厂商对自己所提供的产品质量的一种承诺，厂商应在质保书上列出该产品出厂检验的检测数据；指明该产品标准（国家标准或行业标准）；标明该产品所属的质量等级；并在质保书上承诺该产品在一定使用年限内保证质量（通常为3年或5年）。

3C认证即中国强制认证，英文缩写"CCC"（China Compulsory Certification），认证标志的基本图案如图3-42所示。

在国家认证认可监督委员会的网站上，可以查询强制性认证证书数据库，对产品认证的真实性进行确认。

图3-42　3C认证标志基本图案

（2）检验报告

在工程中检查厂商提供的产品检验报告时，要注意报告上应有"CMA"（即计量认证）标志，如果报告上有"CMA"标志，则证明出具该检测报告的检测机构已通过国家认可，管理及技术水平属于该领域层次较高的检测机构之一。另外厂商提供的报告还可分为厂商自行送样的检测报告和厂商委托检测机构抽样的检测报告，后者比前者可信度更高。

2. 产品验收

（1）普通平板玻璃的验收

普通平板玻璃在工程上验收时，要检查厂商的出厂合格证、质保书，检查时应注意产品的质量等级。不同等级的产品外观质量要求各不相同。必要时应该检查该产品的尺寸偏差和外观指标。

如果在施工现场验收外观指标时，应在良好的光照条件下，观察距离约 600mm，视线垂直玻璃。如果发现外观、厚度问题需要仲裁，或对其他技术指标如：可见光透射率、弯曲度等进行验收时应委托专业的检验机构。

（2）钢化玻璃的验收

钢化玻璃属于安全玻璃，工程上验收时除验收出厂合格证、质保书、近期检测报告外，还必须检查产品是否通过 3C 认证。施工现场可抽查尺寸偏差和外观质量指标等。

钢化玻璃的抗冲击性及内部应力状况对其性能非常重要，应要求厂商提供近期型式检测报告。型式检测报告的检测内容包括外观质量、尺寸及偏差、弯曲度、抗冲击性、碎片状态、霰弹袋冲击性能、透射比和抗风压性能。

（3）夹层玻璃的验收

夹层玻璃属于安全玻璃，工程上验收时除验收出厂合格证、质保书、近期检测报告外，还必须检查产品是否通过 3C 认证。如果制造夹层玻璃的原材料玻璃是钢化玻璃，还需要厂商提供原材料玻璃的 3C 认证及与 3C 认证相符合的采购合同资料。施工现场可抽查尺寸偏差和外观质量要求等技术指标。

（4）中空玻璃的验收

中空玻璃在工程上验收时，以采用相同材料、在同一工艺条件下生产的中空玻璃 500 块为一批。其中，长（宽）度、厚度允许偏差及允许叠差应符合表 3-19、表 3-20、表 3-21 的规定，对角线差应不大于对角线平均长度的 0.2%，胶层厚度中外道密封胶宽度应 ≥5mm，复合密封胶条的胶层宽度为 8±2mm，内道丁基胶宽度应 ≥3mm，特殊规格或有特殊要求的产品由供需双方商定；外观质量应符合表 3-22 的规定；中空玻璃的露点应 <−40℃；耐紫外线辐照性能试验后，试样内表面应无结雾、水汽凝结或污染的痕迹且密封胶无明显变形；在水气密封耐久性能检测中，水分渗透指数 $I \leqslant 0.25$，平均值 $I_{av} \leqslant 0.20$；充气中空玻璃的初始气体含量应 ≥85%（V/V），经气体密封耐久性能试验后的气体含量应 ≥80%（V/V）；关于 U 值的确定由供需双方商定是否有必要进行本项试验。

中空玻璃长（宽）度允许偏差（单位：mm）   表 3-19

长（宽）度 L	允许偏差
$L<1000$	±2
$1000 \leqslant L<2000$	+2、−3
$L \geqslant 2000$	±3

中空玻璃厚度允许偏差（单位：mm）   表 3-20

公称厚度 D	允许偏差
$D<17$	±1.0
$17 \leqslant D<22$	±1.5
$D \geqslant 22$	±2.0

注：中空玻璃的公称厚度为玻璃原片公称厚度与中空腔厚度之和。

平面中空玻璃允许叠差（单位：mm）　　　　　　表 3-21

长（宽）度 L	允许偏差
L＜1000	2
1000≤L＜2000	3
L≥2000	4

注：曲面和有特殊要求的中空玻璃的叠差由供需双方商定。

中空玻璃外观质量　　　　　　表 3-22

项目	要　　求
边部密封	内道密封胶应均匀连续，外道密封胶应均匀整齐，与玻璃充分粘结，且不超过玻璃边缘
玻璃	宽度≤0.2mm、长度≤30mm 的划伤允许 4 条/m²，0.2mm＜宽度≤1mm、长度≤50mm 的划伤允许 1 条/m²；其他缺陷应符合相应玻璃标准要求
间隔材料	无扭曲，表面平整光滑；表面无划痕、斑点及片状氧化现象
中空腔	无异物
玻璃内表面	无妨碍透视的污渍和密封胶流淌

　　在抽样检验中，中空玻璃的外观质量、尺寸偏差按表 3-23 从交货批中随机抽样进行检验，若不合格品数等于或大于表 3-23 的不合格判定数，则认为该批产品的外观质量、尺寸偏差不合格；每检验批中随机抽取 15 块（510mm×360mm）、2 块（510mm×360mm）、15 块（11 块试验、4 块备用，510mm×360mm）、3 块（510mm×360mm）、4 块（3 块试验、1 块备用，510mm×360mm）试样分别进行露点、耐紫外线辐照、水气密封耐久性能、初始气体含量、气体密封耐久性能检测，全部试样合格则该项性能合格。

抽样方案表（单位：块）　　　　　　表 3-23

批量范围	抽检数	合格判定数	不合格判定数
2～8	2	0	1
9～15	3	0	1
16～25	5	1	2
26～50	8	1	2
51～90	13	2	3
91～150	20	3	4
151～280	32	5	6
281～500	50	7	8

3. 运输和储存

　　由于玻璃是一种脆性材料，又是薄板状材料，运输时应采用木箱包装运输。储存和安装要特别注意保护边部，因为破损绝大多数由边部引起。有时边部留下缺陷，虽然当时没有碎，但使用寿命已受到严重影响。施工前，玻璃应储存在干燥、隐蔽的场所，避免淋雨、潮湿和强烈的阳光。在施工现场搬运过程中，应根据玻璃的重量、尺寸、施工现场情况和搬运距离等因素，采用适当的搬运工具和搬运方法。

　　需要注意的是，玻璃叠放时玻璃与玻璃之间应垫上一层纸，以防再次搬运时，两块玻璃相互吸附在一起。同时，绝对禁止玻璃之间进水，因为这种玻璃之间的水膜不会挥发，它会吸收玻璃的碱，侵蚀玻璃表面，形成白色的无法去除的污迹，像发霉一样。这种现象发生很快，只需一周时间，它可以使玻璃褪色、强度降低。

本节现行常用标准目录

1. 《平板玻璃》GB 11614—2009
2. 《建筑用安全玻璃　第1部分：防火玻璃》GB 15763.1—2009
3. 《建筑用安全玻璃　第2部分：钢化玻璃》GB 15763.2—2005
4. 《建筑用安全玻璃　第3部分：夹层玻璃》GB 15763.3—2009
5. 《镀膜玻璃　第1部分　阳光控制镀膜玻璃》GB/T 18915.1—2013
6. 《镀膜玻璃　第2部分　低辐射镀膜玻璃》GB/T 18915.2—2013
7. 《中空玻璃》GB/T 11944—2012
8. 《真空玻璃》JC/T 1079—2008

习　　题

一、单项选择题（每题的备选项中，只有1个最符合题意）

1. 关于普通平板玻璃特性的说法，正确的是(　　)。
A. 热稳定性好
B. 热稳定性差
C. 防火性能较好
D. 抗拉强度高于抗压强度

2. 一般直接用于有框门窗的采光平板玻璃厚度是(　　)mm。
A. 2～3
B. 3～5
C. 5～8
D. 8～12

3. 同时具备安全性、防火性、防盗性的玻璃是(　　)。
A. 钢化玻璃
B. 夹层玻璃
C. 夹丝玻璃
D. 镀膜玻璃

4. 适用于室内饰面层、建筑物门厅及建筑物外饰面层的建筑装饰玻璃是(　　)。
A. 釉面玻璃
B. 压花玻璃
C. 刻花玻璃
D. 喷花玻璃

5. 适用于室内门窗、隔断和采光的建筑装饰玻璃是(　　)。
A. 釉面玻璃
B. 压花玻璃
C. 刻花玻璃
D. 喷花玻璃

6. 适用于高档场所的室内隔断或屏风的建筑装饰玻璃是(　　)。
A. 釉面玻璃
B. 压花玻璃
C. 刻花玻璃
D. 喷花玻璃

7. 关于钢化玻璃特征的说法，正确的是(　　)。
A. 机械强度低
B. 弹性差
C. 热稳定性好
D. 碎后易伤人

8. 适用于建筑物的门窗、隔墙、幕墙及橱窗、家具的安全玻璃是(　　)。
A. 钢化玻璃
B. 夹丝玻璃
C. 夹层玻璃
D. 防火玻璃

9. 适用于建筑的天窗、采光屋顶、阳台及须有防盗、防抢功能要求的营业柜台的遮挡部位的安全玻璃是(　　)。

A. 钢化玻璃 　　　　　　　　　　B. 夹丝玻璃

C. 夹层玻璃 　　　　　　　　　　D. 防火玻璃

10. 同时具有光学性能良好、保温隔热、降低能耗、防结露、良好的隔声性能等功能的是(　　)。

A. 夹层玻璃 　　　　　　　　　　B. 净片玻璃

C. 隔声玻璃 　　　　　　　　　　D. 中空玻璃

11. 建筑安全玻璃中，(　　)有着较高的安全性，一般用在高层建筑的门窗、天窗、楼梯栏板和有抗冲击作用要求的商店、银行、橱窗、隔断及水下工程等安全性能高的场所或部位等。

A. 钢化玻璃 　　　　　　　　　　B. 夹丝玻璃

C. 夹层玻璃 　　　　　　　　　　D. 釉面玻璃

12. 作为钢化、夹层、镀膜、中空等深加工玻璃的原片是(　　)。

A. 平板玻璃 　　　　　　　　　　B. 乳花玻璃

C. 刻花玻璃 　　　　　　　　　　D. 冰花玻璃

13. 一种既能保证可见光良好透过又可有效反射热射线的节能装饰型玻璃是(　　)。

A. 中空玻璃 　　　　　　　　　　B. 着色玻璃

C. 镀膜玻璃 　　　　　　　　　　D. 压花玻璃

二、多项选择题（每题的备选项中，有2个或2个以上符合题意，至少有1个错项）

1. 关于平板玻璃特性的说法，正确的有(　　)。

A. 良好的透视、透光性能

B. 对太阳光中近红外热射线的透过率较低

C. 可产生明显的"暖房效应"

D. 抗拉强度远大于抗压强度，是典型的脆性材料

E. 通常情况下，对酸、碱、盐有较强的抵抗能力

2. 下列属于安全玻璃的有(　　)。

A. 夹层玻璃 　　　　　　　　　　B. 夹丝玻璃

C. 钢化玻璃 　　　　　　　　　　D. 防火玻璃

E. 中空玻璃

3. 关于钢化玻璃特性的说法，正确的有(　　)。

A. 使用时可以切割 　　　　　　　B. 可能发生爆炸

C. 碎后易伤人 　　　　　　　　　D. 热稳定性差

E. 机械强度高

4. 关于中空玻璃特性的说法，正确的有(　　)。

A. 光学性能良好   B. 防盗抢性好

C. 降低能耗   D. 防结露

E. 隔声性能良好

5. 夹层玻璃的主要特性是(   )。

A. 透明度好

B. 可发生自爆

C. 抗冲击性能要比一般平板玻璃高好几倍

D. 玻璃即使破碎时，碎片也不会散落伤人

E. 通过采用不同的原片玻璃，夹层玻璃还可具有耐久、耐热、耐湿、耐寒等性能

6. 下列各项中，属于装饰玻璃的是(   )。

A. 釉面玻璃   B. 夹丝玻璃

C. 刻花玻璃   D. 冰花玻璃

E. Low-E 玻璃

3.5 建筑塑料的特性及应用

塑料是以合成或天然高分子树脂为基本材料，再按一定比例加入填充料、增塑剂、固化剂、着色剂及其他助剂等，在一定条件下经混炼、塑化成型，在常温常压下能保持产品形状不变的材料。

3.5.1 塑料管道的特性及应用

常用的塑料管道有：硬聚氯乙烯（PVC-U）管（如图 3-43 所示）、氯化聚氯乙烯（PVC-C）管（如图 3-44 所示）、无规共聚聚丙烯管（PP-R）管（如图 3-45 所示）、丁烯（PB）管（如图 3-46 所示）、交联聚乙烯（PE-X）管（如图 3-47 所示）。

图 3-43 硬聚氯乙烯（PVC-U）管

图 3-44 氯化聚氯乙烯（PVC-C）管

图 3-45　无规共聚聚丙烯（PP-R）管

图 3-46　丁烯（PB）管

图 3-47　交联聚乙烯（PE-X）管

塑料管道的特性及应用见表 3-24。

塑料管道的特性及应用

表 3-24

名　称	优　点	缺　点	应　用
硬聚氯乙烯（PVC-U）管	无毒、无污染、耐腐蚀。使用温度不大于 40℃，故为冷水管。抗老化性能好、难燃，可采用橡胶圈柔性接口安装	抗冻及耐热性能差，与铸铁管、钢管相比，PVC-U 排水管存在承受压力低、抗冲击性能弱的缺点	主要用于给水管道（非饮用水）、排水管道、雨水管道和穿线管
氯化聚氯乙烯（PVC-C）管	高温机械强度高，适于受压的场合。使用温度高达 90℃ 左右，寿命可达 50 年。阻燃、防火、导热性能低，管道热损少，安装附件少，安装费用低	使用的胶水有毒性	主要应用于冷热水管、消防水管系统、工业管道系统
无规共聚聚丙烯（PP-R）管	耐腐蚀性好，不生锈，不腐蚀，不会滋生细菌，无电化学腐蚀。保温性能好，膨胀力小。耐热性能好，使用寿命长（50 年以上）	抗紫外线能力差，在阳光的长期照射下易老化；属于可燃性材料，不得用于消防给水系统	主要应用于饮用水管、冷热水管
丁烯（PB）管	有较高的强度，韧性好、无毒。其长期工作水温为 90℃ 左右，最高使用温度可达 110℃	易燃、热胀系数大、价格高	应用于地板辐射供暖系统的盘管、饮用水、冷热水管

名 称	优 点	缺 点	应 用
交联聚乙烯（PE-X）管	无毒、卫生、透明、耐热（－70～＋110℃）、耐压（6MPa）、耐化学腐蚀、绝缘好（击穿电压60kV）、使用寿命可达50年	不能抗紫外线，有折弯记忆性，不可热熔连接，热蠕动性较小，低温抗脆性较差	主要用于地板辐射供暖系统的盘管

3.5.2 塑料装饰板材的特性及应用

塑料装饰板材是指以树脂为浸渍材料或以树脂为基材，采用一定的生产工艺制成的具有装饰功能的普通或异形断面的板材。常用的塑料装饰板材有三聚氰胺层压板（如图3-48所示）、铝塑板（如图3-49所示）、聚碳酸酯采光板（如图3-50所示）。

图 3-48　三聚氰胺层压板

图 3-49　铝塑板

图 3-50　聚碳酸酯采光板

塑料装饰板材的特性及用途见表3-25。

塑料装饰板材　　　　　　　　　　　　　　　表 3-25

名称	特 性	用 途
三聚氰胺层压板	耐热性优良（100℃不软化、不开裂、不起泡）、耐烫、耐燃、耐磨、耐污、耐湿、耐擦洗、耐酸、碱、油脂及酒精等溶剂的侵蚀、经久耐用	常用于墙面、柱面、台面、家具、吊顶等饰面工程

名称	特 性	用 途
铝塑板	铝塑板是一种以PVC塑料作芯板，正背两表面为铝合金薄板的复合材料。厚度为3mm、4mm、6mm、8mm。其重量轻、坚固耐久，具有比铝合金强得多的抗冲击性和抗凹陷性，可自由弯曲且弯后不反弹，具有较强的耐候性、较好的可加工性，易保养、易维修。板材表面铝板经阳极氧化和着色处理，色泽鲜艳	广泛用于建筑幕墙、室内外墙面、柱面、顶面的饰面处理
聚碳酸酯采光板	轻、薄、刚性大、抗冲击、色调多、外观美丽、耐水、耐湿、透光性好、隔热保温、阻燃、耐候性好、不老化、不褪色、长期使用的允许温度为−40～120℃、有足够的变形性	适用于遮阳棚、采光天幕、温室花房的顶罩等

3.5.3 塑料壁纸的特性及应用

塑料壁纸是以纸为基材，以聚氯乙烯塑料为面层，经压延或涂布以及印刷、轧花、发泡等工艺而制成的双层复合贴面材料。因为塑料壁纸所用的树脂大多数为聚氯乙烯，所以也常称聚氯乙烯壁纸。常用的塑料壁纸有纸基壁纸（如图3-51所示）、发泡壁纸（如图3-52所示）、特种壁纸（如图3-53所示）。

图 3-51 纸基壁纸

图 3-52 发泡壁纸

图 3-53 特种壁纸

塑料壁纸的特性及用途见表3-26。

塑料壁纸

表 3-26

名称	特 性	应 用
纸基壁纸	有一定的伸缩性和耐裂强度；装饰效果好；性能优越；粘贴方便；使用寿命长，易维修、保养。塑料壁纸的宽度一般为 530mm 和 900～1000mm，前者每卷长度为 10m，后者每卷长度为 50m	广泛用于室内墙面、顶棚、梁柱等处的贴面装饰
发泡壁纸		
特种壁纸		

3.5.4 建筑塑料的进场验收

根据《建筑给水排水及采暖工程施工质量验收规范》GB 50242—2002 的规定：建筑给水、排水及采暖工程所使用的主要材料、成品、半成品、配件器具和设备必须具有中文质量合格证明文件，规格、型号及性能检测报告应符合国家技术标准或设计要求。进场时应做检查验收，并经监理工程师核查确认。所有材料进场时应对品种、规格、外观等进行验收。包装应完好，表面无划痕及外力冲击破损。塑料管材检测取样规定见表 3-27。

建筑工程所使用的塑料装饰板材、塑料壁纸等应符合《建筑装饰装修工程质量验收规范》GB 50210—2001 的相关规定。

塑料管材检测取样规定

表 3-27

序号	材料名称	试验项目	检验批划分及取样
1	给水用硬聚氯乙烯（PVC-U）管材	维卡软化温度、纵向回缩率、落锤冲击试验，二氯甲烷浸渍试验，（20℃，1h）静液压试验	① 组批：同一原料、配方和工艺生产的同一规格的管材作为一批。当 $d_n \leqslant 63mm$ 时，每批数量不超过 50t；当 $d_n > 63mm$ 时，每批数量不超过 100t。如果生产 7 天仍不足批量，以 7 天产量为一批。 ② 取样：依据《计数抽样检验程序 第 1 部分：按接收质量限（AQL）检索的逐批检验抽样计划》GB/T 2828.1—2003
2	给水用硬聚氯乙烯（PVC-U）管件	烘箱试验，坠落试验，维卡软化温度，（20℃，1h）静液压试验	① 组批：同一原料、配方和工艺生产的同一规格的管件作为一批。当 $d_n \leqslant 32mm$ 时，每批不超过 20000 件；当 $d_n > 32mm$ 时，每批数量不超过 5000 件。如果生产 7 天仍不足批量，以 7 天产量为一批。一次交付可由一批或多批组成，交付时应注明批号，同一交付批号产品为一个交付检验批。 ② 取样：依据《计数抽样检验程序 第 1 部分：按接收质量限（AQL）检索的逐批检验抽样计划》GB/T 2828.1—2003
3	排水用 PVC-U 管件	烘箱试验，坠落试验，维卡软化温度试验	① 组批：同一原料、配方和工艺生产的同一规格的管件作为一批。当 $d_n < 75mm$ 时，每批数量不超过 10000 件，当 $d_n \geqslant 75mm$ 时，每批数量不超过 5000 件。 ② 取样：依据《计数抽样检验程序 第 1 部分：按接收质量限（AQL）检索的逐批检验抽样计划》GB/T 2828.1—2003
4	排水用 PVC-U 管材	维卡软化温度、纵向回缩率、二氯甲烷浸渍试验、拉伸屈服强度、落锤冲击试验	① 组批：同一原料配方、同一工艺和同一规格连续生产的管材作为一批，每批数量不超过 50t，如果生产 7 天不足 50t 时，则以 7 天产量为一批。 ② 取样：依据《计数抽样检验程序 第 1 部分：按接收质量限（AQL）检索的逐批检验抽样计划》GB/T 2828.1—2003

序号	材料名称	试验项目	检验批划分及取样
5	冷热水用聚丙烯管（PP-R、PP-B、PP-H）	纵向回缩率、简支梁冲击试验，（20℃，1h）及（95℃，165h）静液压试验	① 组批：同一原料、配方和工艺连续生产的同一规格管材作为一批，每批数量不超过50t。生产期7天尚不足50t，则以7天产量为一批。 ② 取样：依据《计数抽样检验程序 第1部分：按接收质量限（AQL）检索的逐批检验抽样计划》GB/T 2828.1—2003
6	热冷水用聚丙烯管件（PP-R管件）	（20℃，1h）静液压试验	① 组批：用相同原料和工艺生产的同一规格的管件作为一批。当 d_n≤32mm 时，每批不超过10000件；当 d_n>32mm 时，每批数量不超过5000件。如果生产7天仍不足批量，以7天产量为一批。一次交付可由一批或多批组成，交付时应注明批号，同一交付批号产品为一个交付检验批。 ② 取样：依据《计数抽样检验程序 第1部分：按接收质量限（AQL）检索的逐批检验抽样计划》GB/T 2828.1—2003
7	冷热水用交联聚乙烯管材（PE-X管）	（95℃，22h）静液压试验，纵向回缩率、交联度试验	① 组批：同一原料、配方和工艺连续生产的管材作为一批，每批数量为15t，不足15t按一批计。一次交付可由一批或多批组成，交付时应注明批号，同一交付批号产品为一个交付检验批。 ② 取样：依据《计数抽样检验程序 第1部分：按接收质量限（AQL）检索的逐批检验抽样计划》GB/T 2828.1—2003
8	PB管材	纵向回缩率、（20℃，1h）及（95℃，165h）静液压试验	① 组批：同一原料、配方和工艺且连续生产的同一规格管材作为一批，每批数量为50t。如果生产7天仍不足50t，则以7天产量为一批。一次交付可由一批或多批组成，交付时应注明批号，同一交付批号产品为一个交付检验批。 ② 取样：依据《计数抽样检验程序 第1部分：按接收质量限（AQL）检索的逐批检验抽样计划》GB/T 2828.1—2003
9	PB管件	（20℃，1h）静液压试验	① 组批：用相同原料和工艺生产的同一规格的管件作为一批。当 d_n≤32mm 时，每批不超过10000件；当 d_n>32mm 时，每批数量不超过5000件。如果生产7天仍不足批量，以7天产量为一批。一次交付可由一批或多批组成，交付时应注明批号，同一交付批号产品为一个交付检验批。 ② 取样：依据《计数抽样检验程序 第1部分：按接收质量限（AQL）检索的逐批检验抽样计划》GB/T 2828.1—2003
10	无规共聚聚丙烯（PP-R）塑铝稳态复合管	纵向回缩率、（20℃，1h）及（95℃，165h）静液压试验，管环最小平均剥离力试验	① 组批：同一原料、配方和工艺连续生产的同一规格产品，每90km作为一个检查批。如不足90km，以上述生产方式7天产量作为一个检查批。不足7天产量，也作为一个检查批。 ② 取样：依据《计数抽样检验程序 第1部分：按接收质量限（AQL）检索的逐批检验抽样计划》GB/T 2828.1—2003

习　　题

一、单项选择题（每题的备选项中，只有1个最符合题意）

1. 宽度为530mm的塑料壁纸每卷长度一般为（　　）。

A. 8m
B. 10m
C. 15m
D. 50m

2. 硬聚氯乙烯（PVC-U）管主要的使用环境不包括（　　）。

A. 排污管道
B. 雨水管道
C. 中水管道
D. 饮用水管道

3. 下列塑料装饰板材可用于建筑幕墙饰面处理的是（　　）。

A. 三聚氰胺层压板
B. 铝塑板
C. 聚碳酸酯采光板
D. 硬质PVC建筑板材

二、多项选择题（每题的备选项中，有2个或2个以上符合题意，至少有1个错项）

1. 聚碳酸酯采光板主要适用于（　　）。

A. 遮阳棚
B. 采光天幕
C. 温室花房的顶罩
D. 建筑幕墙
E. 室内外墙面

2. 塑料是以合成或天然高分子树脂为基本材料，再按一定比例加入（　　）及其他助剂等，在一定条件下经混炼、塑化成型，在常温常压下能保持产品形状不变的材料。

A. 填充料　　　　　　　　　　　　B. 增塑剂

C. 润滑剂　　　　　　　　　　　　D. 着色剂

E. 固化剂

3. 关于建筑塑料的特性的说法，正确的有(　　　)。

A. 绝缘好　　　　　　　　　　　　B. 易老化

C. 隔声好　　　　　　　　　　　　D. 不耐磨

E. 不耐腐

3.6　建筑涂料的特性及应用

涂敷于物体表面能与基体材料很好粘结并形成完整而坚韧保护膜的材料称为涂料。建筑涂料是专指用于建筑物内、外表装饰的涂料，建筑涂料同时还可对建筑物起到一定的保护作用和某些特殊功能作用。

3.6.1　木器涂料的特性及应用

溶剂型涂料用于家具饰面或室内木器装修，又常称为油漆。传统的油漆品种有清油（如图 3-54 所示）、清漆（如图 3-55 所示）、调合漆（如图 3-56 所示）、磁漆（如图 3-57 所示）等；新型木器涂料有聚酯树脂漆（如图 3-58 所示）、聚氨酯漆（如图 3-59 所示）等。

图 3-54　清油　　　　　　图 3-55　清漆　　　　　　图 3-56　调合漆

图 3-57　磁漆　　　　　图 3-58　聚酯树脂漆　　　　图 3-59　聚氨酯漆

木器涂料的特性及应用见表 3-28。

木器涂料的特性及应用　　　　表 3-28

名　称	特　性	应　用
清油	清漆是以植物油蜡为基料的木器漆，无色透明，植物油蜡渗透入木材内部，对木材起到很好的滋养作用，可以延缓木材的老化	可用于户外及室内的木材涂饰
清漆	清漆为不含颜料的透明漆。主要成分是树脂和溶剂或树脂、油料和溶剂，涂在物体表面，干燥后形成光滑薄膜，显出物面原有的纹理。为人造漆的一种	室内外木器和金属表面涂饰
调和漆	质地均匀，较软，稀稠适度，漆膜耐腐蚀，耐晒，经久不裂，遮盖力强，耐久性好，施工方便	适用于室内外钢铁、木质等材料表面涂饰
磁漆	漆膜坚硬、耐磨、光亮、美观及附着力强	适用于室内装饰和家具，也可用于室外的钢铁和木材表面
聚酯树脂漆	可高温固化，也可常温固化（施工温度不小于 15℃），干燥速度快。漆膜丰满厚实，有较好的光泽性、曝光性和透明度，漆膜硬度高、耐磨、耐热、耐寒、耐水、耐腐蚀。缺点：漆膜附着力差、稳定性差、不耐冲击	主要用于高级地板涂饰及家具涂饰
聚氨酯漆	可高温固化，也可常温或低温（0℃以下）固化，故可现场施工也可工厂化涂饰。装饰效果好、漆膜坚硬、韧性高、附着力高、涂装强度高、高度耐磨、优良的耐溶性和耐腐蚀性。缺点：含有游离异银酸酯（TDI），污染环境；遇水或潮气时易胶凝起泡；保色性差，遇紫外线照射易分解，漆膜泛黄	广泛用于竹、木地板、船甲板的涂饰

3.6.2　内墙涂料的特性及应用

内墙涂料也可用作顶棚涂料。常用的内墙涂料有丙烯酸酯乳胶漆（如图 3-60 所示）、苯—丙乳胶漆（如图 3-61 所示）和乙烯—乙酸乙烯乳胶漆（如图 3-62 所示）。

　　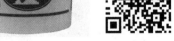

图 3-60　丙烯酸酯乳胶漆　　　图 3-61　苯—丙乳胶漆　　　图 3-62　乙烯—乙酸乙烯乳胶漆

内墙涂料的特性及应用见表 3-29。

名称	特 性	应用
丙烯酸酯乳胶漆	丙烯酸酯乳胶漆涂膜光泽柔和、耐候性好、保光保色性优良、遮盖力强、附着力高、易于清洗、施工方便、价格较高，属于高档建筑装饰内墙涂料	主要用于室内墙面的涂饰
苯—丙乳胶漆	有良好的耐碱性、耐水性、耐候性、抗粉化性。色泽鲜艳、质感好，由于聚合物粒度细，可制成有光型乳胶漆，属于中高档建筑内墙涂料。与水泥基层附着力好，耐洗刷性好，可以用于潮气较大的部位	
乙烯—乙酸乙烯乳胶漆	成膜性好，耐水性高，耐候性好，价格低，属于中低档内墙涂料	

3.6.3 外墙涂料的特性及应用

外墙涂料的主要功能是装饰和保护建筑物的外墙，使建筑物外观整洁美观，达到美化环境的作用，延长其使用时间。常用的外墙涂料有过氯乙烯外墙涂料（如图 3-63 所示）、丙烯酸酯外墙涂料（如图 3-64 所示）、复层外墙涂料（如图 3-65 所示）、砂壁状涂料（如图 3-66 所示）和氟碳涂料（如图 3-67 所示）。

图 3-63　过氯乙烯外墙涂料　　　　图 3-64　丙烯酸酯外墙涂料

 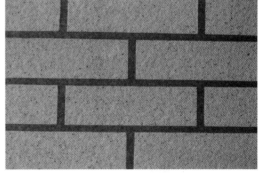

图 3-65　复层外墙涂料　　　　　　图 3-66　砂壁状涂料

外墙涂料的特性及应用见表 3-30。

图 3-67　氟碳涂料

外墙涂料的特性及应用　　　　　　　　　　　　　表 3-30

名称	特 性	应 用
过氯乙烯外墙涂料	良好的耐大气稳定性、化学稳定性、耐水性、耐霉性	用于建筑物外墙壁涂饰
丙烯酸酯外墙涂料	良好的抗老化性、保光性、保色性，不粉化，附着力强，施工温度范围广（0℃以下仍可干燥成膜）。但该种涂料耐污性较差，因此常利用其与其他树脂能良好相混溶的特点，将聚氨酯、聚酯或有机硅对其改性制得丙烯酸酯复合型耐玷污性外墙涂料，综合性能大大改善，得到广泛应用	施工时基体含水率不应超过8%，可以直接在水泥砂浆和混凝土基层上进行涂饰
复层外墙涂料	复层涂料：由基层封闭涂料、主层涂料、罩面涂料三部分构成。粘结强度高，良好的耐褪色性、耐久性、耐污染性、耐高低温性。外观可成凹凸花纹状、环状等立体装饰效果，故亦称浮感涂料或凹凸花纹涂料，适用于水泥砂浆、混凝土、水泥石棉板等多种基层的中高档建筑装饰饰面	用于无机板材、内外墙、顶棚的饰面
砂壁状涂料	具有无毒、无味、施工方便、涂层干燥快、不燃、耐强光、不褪色、耐水性优良、粘结力强及装饰效果好	适用于新旧建筑内外墙面装饰，也可用于工艺美术和城市雕塑
氟碳涂料	优异的耐候性、耐污性、自洁性、耐酸碱、耐腐蚀、耐高低温性能好，涂层硬度高，与各种材质的基体有良好的粘结性能，色彩丰富有光泽、装饰性好、施工方便、使用寿命长	广泛用于金属幕墙、柱面、墙面、铝合金门窗框、栏杆、天窗、金属家具、商业指示牌户外广告着色及各种装饰板的高档饰面

3.6.4　地面装饰涂料的特性及应用

地面装饰涂料的种类繁多，主要有环氧树脂地面涂料（如图 3-68 所示）、聚氨酯地面涂料（如图 3-69 所示）、丙烯酸硅树脂地面涂料（如图 3-70 所示）、过氯乙烯地面涂料（如图 3-71 所示）、聚氨酯—丙烯酸酯地面涂料（如图 3-72 所示）等。

图 3-68 环氧树脂地面涂料

图 3-69 聚氨酯地面涂料

图 3-70 丙烯酸硅树脂地面涂料

图 3-71 过氯乙烯地面涂料

图 3-72 聚氨酯—丙烯酸酯地面涂料

地面装饰涂料的特性及应用见表 3-31。

地面装饰涂料

表 3-31

名　称	特　性	应　用
环氧树脂地面涂料	具有良好的耐化学腐蚀性、耐油性、耐水性和耐久性，涂膜与水泥混凝土等的基层材料的粘结力强、坚硬、耐磨且具有一定的韧性，色彩多样，装饰性好	用于机场、车库、试验室、化工车间等室内外水泥基地面的装饰

名　称	特　性	应　用
聚氨酯地面涂料	薄质罩面涂料，涂膜硬度较大，脚感硬，主要用于木质地板或其他地面的罩面上光。厚质弹性地面涂料具有整体性好、色泽多样、装饰性好，并有良好的耐水性、耐油性、耐酸性、耐磨性	主要用于高级住宅、手术室、试验室、公用建筑、工业厂房的地面装饰、防腐防水等
丙烯酸硅树脂地面涂料	渗透性好，和砖石、水泥砂浆、混凝土表面结合牢固，同时涂膜还具备良好的耐洗刷性、耐化学物品腐蚀性、耐水性、耐磨性、耐沾污性、耐火性、耐热性、耐气候性等	可用于室内室外地面的装饰
过氯乙烯地面涂料	干燥快、与水泥地面结合好、耐水、耐磨、耐化学药品腐蚀。施工时有大量有机溶剂挥发、易燃，要注意防火、通风	广泛用于学校、医院、工厂、宾馆、住宅等工业和民用建筑地面
聚氨酯—丙烯酸酯地面涂料	涂膜外观光亮平滑、有瓷质感，有良好的装饰性、耐磨性、耐水性、耐酸碱性、耐化学药品腐蚀性	适用于图书馆、健身房、影剧院、办公室、会议室、厂房、机房、地下室、卫生间等水泥地面的装饰

3.6.5　建筑涂料进场验收

根据《建筑装饰装修工程质量验收规范》GB 50210—2001 的规定，建筑涂饰工程所用涂料的品种、型号和性能应符合设计要求，涂料进场应检查产品合格证书、性能检测报告和进场验收记录。建筑涂料检测取样规定见表 3-32。

建筑涂料检测取样规定　　　　　　　　　　　　　表 3-32

材料名称	试验项目	检验批划分及取样
合成树脂乳液内墙涂料	容器中状态、施工性、低温稳定性（3 次循环）、涂膜外观、干燥时间（表干）(h)、耐碱性（24h）、抗泛碱性（48h）、对比率（白色和浅色）、耐洗刷性（次）	① 从每个被取样的容器中取一个样品就足够了。当交付批有若干个容器时，符合统计学要求的正确的取样列于下表，若取样数低于表中数值，应在取样报告中注明。

被取样容器的最低件数

容器的总数 N	被取样容器的最低件数 n
$1\sim2$	全部
$3\sim8$	2
$9\sim25$	3
$26\sim100$	5
$101\sim500$	8
$501\sim1000$	13
其后类推	$N=\sqrt{\dfrac{n}{2}}$

材料名称	试验项目	检验批划分及取样
合成树脂乳液外墙涂料	容器中的状态、施工性、低温稳定性、干燥时间（表干）(h)、涂膜外观、对比率（白色和浅色）、耐洗刷性（2000 次）、耐碱性（48h）、耐水性（96h）、涂层耐变温性（3 次循环）、透水性（mL）、耐人工气候老化性	若交付批是由不同生产批的容器组成，那么应对每个生产批的容器取样。② 将按合适的方法取得的全部样品充分混合。对于液体，在一个清洁、干燥的容器中，最好是不锈钢容器中混合。尽快取出至少 3 份均匀的样品（最终样品），每份样品至少 400ml 或完成规定试验所需样品量的 3～4 倍，然后将样品装入符合要求的容器中。样品取得后，应贴上符合质量管理要求的能够追溯样品情况的标签
溶剂型外墙涂料	容器中的状态、施工性、干燥时间（表干）(h)、涂膜外观、对比率（白色和浅色）、耐碱性、耐水性、耐洗刷性、耐人工气候老化性、耐粘污性、涂层耐温变性（5 次循环）	
复层建筑涂料	容器中状态、涂膜外观、低温稳定性、初期干燥抗裂性、粘结强度、涂层耐温变性（5 次循环）、透水性、耐冲击性、耐粘污性、耐候性	
饰面型防火涂料	在容器中的状态、细度、干燥时间、防水性能、附着力、柔韧性、耐冲击性、耐水性、耐湿热性、耐燃时间、火焰传播比值、质量损失、碳化体积	

涂料应该如何见证取样呢？

本节现行常用标准目录

1.《建筑装饰装修工程质量验收规范》GB 50210—2001
2.《合成树脂乳液内墙涂料》GB/T 9756—2009
3.《色漆、清漆和色漆与清漆用原材料取样》GB 3186—2006
4.《合成树脂乳液外墙涂料》GB/T 9755—2014
5.《溶剂型外墙涂料》GB/T 9757—2001
6.《复层建筑涂料》GB/T 9779—2015
7.《饰面型防火涂料》GB 12441—2005

习　题

一、单项选择题（每题的备选项中，只有 1 个最符合题意）

1. 可以直接在水泥基层上涂刷，耐洗刷性好，能用于潮气较大部位的建筑内墙涂料的是（　　）。

　　A. 苯—丙乳胶漆

　　B. 丙烯酸酯乳胶漆

　　C. 乙烯—乙酸乙烯乳胶漆

　　D. 聚乙烯酸水玻璃涂料

2. 当基体含水率不超过 8％时，可以直接在水泥砂浆和混凝土基层上进行涂饰的是（　　）涂料。

　　A. 过氯乙烯　　　　　　　　　　B. 苯—丙乳胶漆

　　C. 乙—丙乳胶漆　　　　　　　　D. 丙烯酸酯涂料

3. 下列不属于内墙涂料特点的是（　　）

　　A. 色彩丰富、细腻、协调

　　B. 耐碱性、耐水性、耐粉化性良好，且透气性好

　　C. 涂刷容易

　　D. 优异的耐候性

二、多项选择题（每题的备选项中，有2个或2个以上符合题意，至少有1个错项）

1. 下列涂料中用于家具饰面或室内木器装修的有（　　）。

A. 磁漆　　　　　　　　　　　B. 调和漆

C. 聚酯漆　　　　　　　　　　D. 清漆

E. 砂壁状涂料

2. 下列建筑装饰涂料中，常用于外墙的涂料是（　　）。

A. 聚酯树脂漆　　　　　　　　B. 砂壁状涂料

C. 聚氨酯—丙烯酸酯地面涂料　D. 丙烯酸酯乳胶漆

E. 丙烯酸酯外墙涂料

3. 关于氟碳涂料特点的说法，正确的有（　　）。

A. 优异的耐候性　　　　　　　B. 自洁性差

C. 耐高低温性好　　　　　　　D. 涂层硬度高

E. 装饰性差

3.7　建筑石膏的特性及应用

石膏是一种以硫酸钙（$CaSO_4$）为主要成分的气硬性无机胶凝材料。其品种见表3-33。其中，建筑石膏和高强石膏在建筑工程中应用较多。

石膏的品种　　　　　　　　　　　　　　　　　　　　　　表3-33

石膏品种	成　　　分
建筑石膏	β型半水石膏磨细而成
模型石膏	杂质含量少、色白的β型半水石膏磨细而成
高强石膏	α型半水石膏磨细而成
粉刷石膏	β型半水石膏与Ⅱ型半水石膏的混合物，加入外加剂，也可加入集料
高温煅烧石膏	天然二水石膏或天然硬石膏在800～1000℃下煅烧，使部分 $CaSO_4$ 分解出 CaO，磨细而成
无水石膏水泥	人工在600～750℃下煅烧二水石膏制得的硬石膏或天然硬石膏，加入适量激发剂混合磨细而成

3.7.1　建筑石膏的水化与凝结硬化

建筑石膏加水拌合后，其主要成分半水石膏将与水发生化学反应生成二水石膏，放出热量，这一过程称为水化。其反应式如下：

$$CaSO_4 \cdot \frac{1}{2}H_2O + 1\frac{1}{2}H_2O = CaSO_4 \cdot 2H_2O$$

石膏浆体中的自由水分因水化和蒸发而逐渐减少，浆体渐渐变稠，可塑性逐渐减小，这一过程称为凝结。其后，浆体继续变稠，逐渐凝聚为晶体，并不断增长，直至完全干燥，这一过程称为硬化。

3.7.2 建筑石膏的性质

建筑石膏的性质见表 3-34。

建筑石膏的性质　　　　　　　　　　　　　　　表 3-34

石膏的性质	影　响
凝结硬化快	石膏浆体的初凝和终凝时间都很短，一般初凝时间为几分钟至十几分钟，终凝时间在半小时以内，大约一星期左右完全硬化
硬化时体积微膨胀	石膏浆体凝结硬化时不像石灰、水泥那样出现收缩，反而略有膨胀（膨胀率约为 1‰），使石膏硬化体表面光滑饱满，可制作出纹理细致的浮雕花饰
硬化后孔隙率高	石膏浆体硬化后内部孔隙率可达 50%～60%，因而石膏制品具有表观密度较小、强度较低、导热系数小、吸声性强、吸湿性大、可调节室内温度和湿度的特点
防火性能好	石膏制品在遇火灾时，二水石膏将脱出结晶水，吸热蒸发，并在制品表面形成蒸汽幕和脱水物隔热层，可有效减少火焰对内部结构的危害
耐水性和抗冻性差	建筑石膏硬化体的吸湿性强，吸收的水分会减弱石膏晶粒间的结合力，使强度显著降低；若长期浸水，还会因二水石膏晶体逐渐溶解而导致破坏。石膏制品吸水饱和后受冻，会因孔隙中水分结冰膨胀而破坏。所以，石膏制品的耐水性和抗冻性较差，不宜用于潮湿部位

3.7.3 建筑石膏的应用

建筑石膏主要用于生产石膏制品，包括各种板材和砌块。目前我国以石膏板的发展最快。常用的石膏板主要有压花石膏板（如图 3-73 所示）、防水纸面石膏板（如图 3-74 所示）、耐火纸面石膏板（如图 3-75 所示）和吸声用穿孔石膏板（如图 3-76 所示）。

石膏砌块（如图 3-77 所示）和空心条板（如图 3-78 所示）也正在批量生产和应用。

图 3-73　压花石膏板

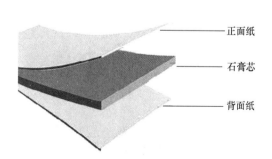

正面纸
石膏芯
背面纸

图 3-74　防水纸面石膏板

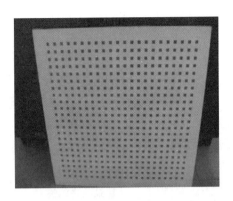

图 3-75 耐火纸面石膏板　　　　　图 3-76 吸声用穿孔石膏板

图 3-77 石膏砌块　　　　　　　　图 3-78 空心条板

石膏制品在工艺美术领域也大量使用，常见的石膏艺术品主要有石膏雕花（如图 3-79 所示）、石膏贴片（如图 3-80 所示）、石膏线（如图 3-81 所示）、石膏罗马柱（如图 3-82 所示）、石膏摆件（如图 3-83 所示）和石膏塑像（如图 3-84 所示）。

图 3-79 石膏雕花　　　　　　　　图 3-80 石膏贴片

图 3-81 石膏线　　　　　　　　　图 3-82 石膏罗马柱

图 3-83　石膏摆件　　　　图 3-84　石膏塑像

建筑石膏产品也常直接供应工程现场，主要用于内装修中的调浆、粉刷、抹灰等。石膏还用于生产水泥时作为缓凝剂加入，延缓水泥的凝结。除此之外，石膏还用作油漆打底用腻子的原料。

3.7.4　建筑石膏的验收、储运及保管

建筑石膏的验收、储运及保管见表 3-35。

建筑石膏的验收、储运及保管

表 3-35

验　收	储　运	保　管
一般采用袋装，可用具有防潮及不易破损的纸袋或其他复合袋包装。 包装袋上应清楚标记制造厂名、生产批号和出厂日期、质量等级、商标、防潮标志	不得受潮和混入杂物，不同等级的应分别储运，不得混杂	储存期为 3 个月（自生产日期起），超过 3 个月的石膏应重新进行质量检验，以确定等级

本节现行常用标准目录

1.《建筑石膏》GB/T 9776—2008

2.《纸面石膏板》GB/T 9775—2008

3.《装饰石膏板》JC/T 799—2016

4.《石膏砌块》JC/T 698—2010

5.《复合保温石膏板》JC/T 2077—2011

6.《嵌缝石膏》JC/T 2075—2011

7.《石膏装饰条》JC/T 2078—2011

8.《石膏空心条板》JC/T 829—2010

9.《吸声用穿孔石膏板》JC/T 803—2007

10.《纸面石膏板护面纸板》GB/T 26204—2010

习　　题

一、单项选择题（每题的备选项中，只有 1 个最符合题意）

1. 建筑石膏的化学成分是(　　　)。

A. 无水硫酸钙　　　　　　　　　　　　B. β型半水石膏

C. α型半水石膏   D. 天然二水石膏

2. 关于建筑石膏性质的说法，正确的有(   )。

A. 建筑石膏凝结硬化慢

B. 建筑石膏硬化体的可加工性能较好

C. 建筑石膏耐火性较好

D. 建筑石膏耐水性能较好

二、多项选择题（每题的备选项中，有2个或2个以上符合题意，至少有1个错项）

1. 建筑石膏的特点是(   )。

A. 凝结硬化快   B. 只能在空气中凝结硬化

C. 硬化后体积收缩   D. 质轻高强

E. 保温、隔热、吸声性好

2. 粉刷石膏的主要成分包括(   )。

A. α型半水石膏   B. β型半水石膏

C. Ⅱ型半水石膏   D. $CaSO_4$

E. $CaCO_3$

第 4 章　常用建筑功能材料的性能及应用

4.1　建筑防水材料的性能及应用

防水材料是防止水透过建筑物或构筑物结构层而使用的一种建筑材料。常用的防水材料有四类：防水卷材、防水涂料、刚性防水材料、建筑密封材料。

4.1.1　防水卷材

防水卷材作为柔性防水材料，主要用于建（构）筑物迎水面的外包防水。常用的有高聚物改性沥青防水卷材和合成高分子防水卷材。

高聚物改性沥青防水卷材是以合成高分子聚合物改性沥青为涂盖材料，以玻璃纤维或聚酯无纺布为胎基制成的柔性防水卷材，具有高温不流淌，低温不脆裂等优良性能。常用的高聚物改性沥青防水卷材主要有 SBS 改性沥青防水卷材（如图 4-1 所示）和 APP 改性沥青防水卷材（如图 4-2 所示）。

图 4-1　SBS 改性沥青防水卷材

合成高分子防水卷材是以合成橡胶、合成树脂或两者的共混体为基料，加入适量的化学助剂和填充料等，经不同工序（混炼、压延或挤压等）加工而成的可弯曲的片状防水

图 4-2　APP 改性沥青防水卷材

材料。

合成高分子防水卷材主要分为橡胶基防水卷材（三元乙丙橡胶防水卷材，如图 4-3 所示）、树脂基防水卷材和树脂—橡胶共混防水卷材三大类。

图 4-3 二元乙丙（EPDM）橡胶防水卷材

防水卷材的特性及应用见表 4-1。

防水卷材的特性及应用　　　　　　　　　　　　　　　　　表 4-1

类　别	名　称	特　性	应　用
高聚物改性沥青防水卷材	SBS 改性沥青防水卷材（弹性体）	弹性好，不透水性能强，抗拉强度高，延伸率大，低温柔韧性好，施工方便	广泛适用于各类建筑防水、防潮工程，尤其适用于寒冷地区和结构变形频繁的建筑物防水，一般采用热熔法施工
	APP 改性沥青防水卷材（塑性体）	塑性好，不透水性能强，抗拉强度高，延伸率大，耐高温性能好，施工方便	广泛适用于各类建筑防水、防潮工程，尤其适用高温或有强烈太阳辐射地区的建筑物防水，一般采用冷粘法或自粘法施工
合成高分子防水卷材	三元乙丙（EPDM）橡胶防水卷材	优良的耐候性、耐臭氧性和耐热性、抗老化性能好、重量轻、使用温度范围宽、抗拉强度高、扯断伸长率大、对基层变形适应性强、耐酸碱腐蚀	防水要求高、耐久年限长的建筑工程的防水，一般采用冷粘法或自粘法施工

4.1.2　防水涂料

防水涂料在常温下是一种液态物质，将它涂抹在结构物基层的表面上，能形成一层坚韧的防水膜，从而起到防水装饰和保护的作用。防水涂料适用于各种不规则部位的防水。常用的防水涂料有 JS 聚合物水泥基防水涂料、聚氨酯防水涂料、水泥基渗透结晶型防水涂料等。

JS 聚合物水泥基防水涂料是以丙烯酸酯、乙烯—乙酸乙烯酯等聚合物乳液和水泥为主要原材料，加入填料及其他助剂制成的可固化成膜的双组分防水涂料，属于柔性防水材料，如图 4-4 所示。

聚氨酯防水涂料由含异氰酸酯基的化合物与固化剂等助剂混合而成的防水涂料，一般可分为双组分、单组分两种，属于柔性防水材料，如图 4-5 所示。其以优异的性能在建筑防水涂料中占有重要地位，素有"液体橡胶"的美誉。

图 4-4 JS 聚合物水泥基防水涂料

图 4-5 聚氨酯防水涂料

水泥基渗透结晶型防水涂料是以水泥和石英砂为主要原材料，掺入活性化学物质与水拌合后，活性化学物质通过载体可渗入混凝土内部，并形成不溶于水的结晶体，使混凝土致密的刚性防水材料，属于刚性防水涂料，如图 4-6 所示。

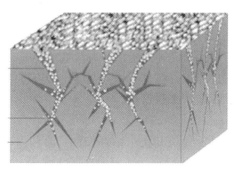

图 4-6 水泥基渗透结晶型防水涂料

建筑防水涂料的特性及应用见表 4-2。

防水涂料的特性及应用

表 4-2

名　　称	特　　性	应　　用
JS 聚合物水泥基防水涂料	较高的断裂伸长率和拉伸强度，优异的耐水、耐碱、耐候、耐老化性能，使用寿命长	屋面、内外墙、厕浴间、水池及地下工程的防水、防渗、防潮

名　称	特　性	应　用
聚氨酯防水涂料	耐水、耐碱、耐久性优异，粘结良好，柔韧性强	屋面、地下室、厕浴间等工程的防水、防潮；亦可用于形状复杂、管道纵横部位的防水，也可作为防腐涂料使用
水泥基渗透结晶型防水涂料	具有独特的呼吸、防腐、耐老化、保护钢筋能力，环保、无毒、无公害，施工简单、节省人工	主要用于混凝土结构渗漏治理

4.1.3　刚性防水材料

刚性防水材料通常指防水混凝土与防水砂浆。

防水混凝土是以调整混凝土的配合比、掺外加剂或使用新品种水泥等方法提高自身的密实性、憎水性和抗渗性，使其满足抗渗压力大于 0.6MPa 的不透水性的混凝土。防水混凝土兼有结构层和防水层的双重功效。其防水机理是依靠结构构件混凝土自身的密实性，再加上一些构造措施（如设置坡度、变形缝或者使用嵌缝膏、止水环等），达到结构自防水的目的。

防水砂浆主要依靠特定的某种外加剂，如防水剂、膨胀剂、聚合物等，以提高水泥砂浆的密实性或改善砂浆的抗裂性，从而达到防水抗渗的目的。

防水混凝土与防水砂浆的特性及应用见表 4-3。

防水混凝土与防水砂浆的特点及应用　　　　　　　　　　表 4-3

名　称	特　性	应　用
防水混凝土	节约材料，成本低廉，渗漏水时易于检查，便于修补，耐久性好	一般工业、民用及公共建筑的地下防水工程。适用环境温度不得高于 80℃
防水砂浆	操作简便，造价便宜，易于修补	可用于地下工程主体结构的迎水面或背水面，不应用于受持续振动或温度高于 80℃ 的地下工程防水

4.1.4　建筑密封材料

建筑密封材料是一些能使建筑上的各种接缝或裂缝、变形缝（沉降缝、伸缩缝、抗震缝）保持水密、气密性能，并且具有一定强度，能连接结构件的填充材料。建筑密封材料分为定型密封材料和不定型密封材料。

1. 定型密封材料

定型密封材料包括密封条和止水带，如铝合金门窗橡胶密封条（如图 4-7 所示）、丁腈橡胶—PVC 门窗密封条、自粘性橡胶、橡胶止水带（如图 4-8 所示）、塑料止水带、钢板止水带等。

图 4-7　门窗密封条　　　　　　图 4-8　橡胶止水带

定型密封材料按密封机理的不同可分为遇水非膨胀型（如图 4-9 所示）和遇水膨胀型（如图 4-10 所示）两类。

图 4-9　遇水非膨胀型密封材料　　　　图 4-10　遇水膨胀型密封材料

2．不定型密封材料

常用的不定型密封材料有：沥青嵌缝油膏、聚氯乙烯接缝膏、塑料油膏、丙烯酸类密封膏、聚氨酯密封膏、聚硫密封膏和硅酮密封膏等。其中硅酮密封膏具有优异的耐热性、耐寒性和良好的耐候性，有较好的粘结性能，耐拉伸—压缩疲劳性强，耐水性好。

硅酮建筑密封膏按用途分为 F 类和 G 类两种类别。F 类为建筑接缝用密封膏，适用于预制混凝土墙板、水泥板、大理石板的外墙接缝，混凝土和金属框架的粘结，卫生间和公路缝的防水密封等；G 类为镶装玻璃用密封膏，主要用于镶嵌玻璃和建筑门、窗的密封。

4.1.5　防水材料的进场验收及复试

屋面防水材料进场抽样检验见表 4-4。

屋面防水材料进场检验项目　　　　　　　　　　　　表 4-4

防水材料名称	现场抽样数量	外观质量检验	物理性能检验
高聚物改性沥青防水卷材	大于 1000 卷抽 5 卷，每 500～1000 卷抽 4 卷，每 100～499 卷抽 3 卷，100 卷以下抽 2 卷，进行规格尺寸和外观质量检验。在外观质量检验合格的卷材中，任取一卷做物理性能检验	表面平整，边缘整齐，无孔洞、缺边、裂口，胎基未浸透，矿物粒料粒度，每卷卷材的接头	可溶物含量、拉力、最大拉力时延伸率、耐热性、低温柔性、不透水性
合成高分子防水卷材		表面平整，边缘整齐，无气泡、裂纹、粘结疤痕，每卷卷材的接头	断裂拉伸强度、扯断伸长率、低温弯折性、不透水性
高聚物改性沥青防水涂料	每 10t 为一批，不足 10t 按一批抽样	水乳型：无色差、凝胶、结块、明显沥青丝；溶剂型：黑色粘稠状，细腻、均匀胶状液体	固体含量、耐热性、低温柔性、不透水性、断裂伸长率或抗裂性
合成高分子防水涂料		反应固化型：均匀黏稠状、无凝胶、结块；挥发固化型：经搅拌后无结块，呈均匀状态	固体含量、拉伸强度、断裂伸长率、低温柔性、不透水性
聚合物水泥防水涂料		液体组分：无杂质、无凝胶的均匀乳液；固体组分：无杂质、无结块的粉末	固体含量、拉伸强度、断裂伸长率、低温柔性、不透水性

防水材料名称	现场抽样数量	外观质量检验	物理性能检验
胎体增强材料	每 3000m² 为一批，不足 3000m² 的按一批抽样	表面平整、边缘整齐、无折痕、无孔洞、无污迹	拉力、延伸率
沥青基防水卷材用基层处理剂	每 5t 产品为一批，不足 5t 的按一批抽样	均匀液体，无结块、无凝胶	固体含量、耐热性、低温柔性、剥离强度
高分子胶粘剂		均匀液体，无杂质、无分散颗粒或凝胶	剥离强度、浸水 168h 后的剥离强度保持率
改性沥青胶粘剂		均匀液体，无结块、无凝胶	剥离强度
合成橡胶胶粘带	每 1000m 为一批，不足 1000m 的按一批抽样	表面平整，无固块、杂物、孔洞、外伤及色差	剥离强度、浸水 168h 后的剥离强度保持率
合成高分子密封材料	每 1t 产品为一批，不足 1t 的按一批抽样	均匀膏状物或黏稠液体，无结皮、凝胶或不易分散的固体团状	拉伸模量、断裂伸长率、定伸粘结性

地下工程用防水材料进场抽样检验见表 4-5。

地下工程用防水材料进场抽样检验　　　　　　　表 4-5

防水材料名称	现场抽样数量	外观质量检验	物理性能检验
高聚物改性沥青类防水卷材	大于 1000 卷抽 5 卷，每 500～1000 卷抽 4 卷，每 100～499 卷抽 3 卷，每 100 卷以下抽 2 卷，进行规格尺寸和外观质量检验。在外观质量检验合格的卷材中，任取一卷做物理性能检验	断裂、折皱、孔洞、剥离、边缘不整齐、胎体露白、未浸透、撒布材料粒度、颜色，每卷卷材的接头	可溶物含量、拉力、延伸率、低温柔度、热老化后低温柔度、不透水性
合成高分子类防水卷材	大于 1000 卷抽 5 卷，每 500～1000 卷抽 4 卷，每 100～499 卷抽 3 卷，100 卷以下抽 2 卷，进行规格尺寸和外观质量检验。在外观质量检验合格的卷材中，任取一卷做物理性能检验	折痕、杂质、胶块、凹痕，每卷卷材的接头	断裂拉伸强度、断裂伸长率、低温弯折性、不透水性、撕裂强度
混凝土建筑接缝用密封胶	每 2t 为一批，不足 2t，按一批抽样	细腻、均匀膏状物或黏稠液体，无气泡、结皮和凝胶现象	流动性、挤出性、定伸粘结性
橡胶止水带	每月同标记的止水带产量为一批抽样	尺寸公差，开裂、缺胶、海绵状、中心孔偏心、凹痕、气泡、杂质、明疤	拉伸强度、扯断伸长率、撕裂强度
腻子型遇水膨胀止水条	每 5000m 为一批，不足 5000m 按一批抽样	尺寸公差，柔软、弹性匀质，色泽均匀，无明显凹凸	硬度、7d 膨胀率、最终膨胀率、耐水性

防水材料名称	现场抽样数量	外观质量检验	物理性能检验
遇水膨胀止水胶	每 5t 为一批，不足 5t 按一批抽样	细腻、黏稠、均匀膏状物，无气泡、结皮和凝胶	表干时间、拉伸强度、体积膨胀倍率
聚合物水泥防水砂浆	每 10t 为一批，不足 10t 按一批抽样	干粉类：均匀，无结块；乳胶类：液料经搅拌后均匀无沉淀，粉料均匀、无结块	7d 粘结强度、7d 抗渗性、耐水性

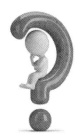

卷材应该如何见证取样呢？

本节现行常用标准目录

1.《弹性体改性沥青防水卷材》GB 18242—2008

2.《塑性体改性沥青防水卷材》GB 18243—2008

3.《高分子防水材料》GB 18173.1～18173.4—2012、2014、2014、2010

4.《聚合物水泥防水涂料》GB/T 23445—2009

5.《聚氨酯防水涂料》GB/T 19250—2013

6.《水泥基渗透结晶型防水材料》GB 18445—2012

7.《屋面工程质量验收规范》GB 50207—2012

8.《地下防水工程质量验收规范》GB 50208—2011

9.《建筑防水卷材试验方法　第 1 部分：沥青和高分子防水卷材　抽样规则》GB/T 328.1—2007

10.《建筑防水涂料试验方法》GB/T 16777—2008

11.《防水沥青与防水卷材术语》GB/T 18378—2008

习　题

一、单项选择题（每题的备选项中，只有 1 个最符合题意）

1. 对防水要求高、耐久年限长的建筑工程的防水宜选择（　　）。

A. SBS 改性沥青防水卷材　　　　　　　　　　B. APP 改性沥青防水卷材

C. 高聚物改性沥青防水卷材　　　　　D. 合成高分子防水卷材

2. 兼有结构层和防水层的双重功效的防水材料是(　　)。

A. 防水卷材　　　　　　　　　　　B. 防水砂浆

C. 防水混凝土　　　　　　　　　　D. 防水涂料

3. 混凝土结构渗漏治理宜选用(　　)。

A. 橡胶止水带　　　　　　　　　　B. 水泥基渗透结晶型防水涂料

C. JS聚合物水泥基防水涂料　　　　D. 防水砂浆

4. (　　)素有"液体橡胶"的美誉。

A. JS聚合物水泥基防水涂料　　　　B. 聚氨酯防水涂料

C. 水泥基渗透结晶型防水涂料　　　D. 防水砂浆

二、多项选择题（每题的备选项中，有2个或2个以上符合题意，至少有1个错项）

1. 常用的防水材料有(　　)。

A. 金属材料　　　　　　　　　　　B. 防水卷材

C. 防水涂料　　　　　　　　　　　D. 刚性防水材料

E. 建筑密封材料

2. 关于SBS改性沥青防水卷材的说法，正确的是(　　)。

A. 塑性好　　　　　　　　　　　　B. 抗拉强度高

C. 施工方便　　　　　　　　　　　D. 适用于寒冷地区的建筑物防水

E. 适用于结构变形频繁的建筑物防水

3. 关于APP改性沥青防水卷材的说法，正确的是(　　)。

A. 弹性好　　　　　　　　　　　　B. 延伸率大

C. 施工方便　　　　　　　　　　　D. 耐高温性能好

E. 适用有强烈太阳辐射地区的建筑物防水

4. 下列防水材料中，属于刚性防水材料的有(　　)。

A. JS聚合物水泥基防水涂料　　　　B. 聚氨酯防水涂料

C. 水泥基渗透结晶型防水涂料　　　D. 防水混凝土

E. 防水砂浆

5. 建筑上可采用建筑密封材料保持水密、气密性能的部位有(　　)。

A. 裂缝　　　　　　　　　　　　　B. 沉降缝

C. 施工缝　　　　　　　　　　　　D. 伸缩缝

E. 抗震缝

6. (　　)属于定型密封材料。

A. 门窗密封条　　　　　　　　　　B. 橡胶止水带

C. 塑料止水带　　　　　　　　　　D. 聚氨酯密封膏

E. 硅酮密封膏

7. 高聚物改性沥青防水卷材、合成高分子类防水卷材现场抽样数量正确的是(　　　)。

A. 大于 1000 卷抽 5 卷

B. 500～1000 卷抽 4 卷

C. 100～499 卷抽 3 卷

D. 50～99 卷抽 1 卷

E. 50 卷以下抽 1 卷

4.2　建筑绝热材料的性能及应用

建筑中，将不易传热的材料，即对热流有显著阻抗性的材料或材料复合体称为绝热材料。习惯上把用于控制室内热量外流的材料叫作保温材料；把防止室外热量进入室内的材料叫作隔热材料。绝热材料是保温材料和隔热材料的总称。绝热材料一方面满足了建筑空间或热工设备的热环境，另一方面也节约了能源。因此，有些国家将绝热材料看作是继煤炭、石油、天然气、核能之后的"第五大能源"。

常见的保温材料有：聚苯乙烯泡沫塑料、聚氨酯泡沫塑料、无机硬质绝热材料、纤维保温材料和绝热夹芯板。

4.2.1　聚苯乙烯泡沫塑料

聚苯乙烯泡沫塑料常用的有绝热用模塑聚苯乙烯泡沫塑料（EPS）和绝热用挤塑聚苯乙烯泡沫塑料（XPS）。

根据《绝热用模塑聚苯乙烯泡沫塑料》GB/T 10801.1—2002 规定，EPS 是由可发性聚苯乙烯珠粒经加热预发泡后，在模具中加热成型制成的具有闭孔结构的使用温度不超过75℃的聚苯乙烯塑料板材，如图 4-11 所示。聚苯乙烯树脂在加工成型时用化学机械方法使其内部产生微孔，制得的硬质、半硬质或软质泡沫塑料。

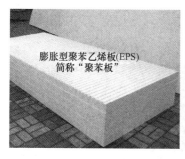

膨胀型聚苯乙烯板(EPS)
简称"聚苯板"

图 4-11　EPS

根据《绝热用挤塑聚苯乙烯泡沫塑料（XPS）》GB/T 10801.2—2002 规定，XPS 以聚苯乙烯树脂或其共聚物为主要成分，添加少量添加剂，通过加热挤塑成型而制得的具有闭孔结构的硬质泡沫塑料，如图 4-12 所示。

聚苯乙烯泡沫塑料的特性及应用见表 4-6。

挤塑型聚苯乙烯板(XPS)
简称"挤塑板"

图 4-12 XPS

聚苯乙烯泡沫塑料的特性及应用 表 4-6

类 别	名 称	特 性	应 用
聚苯乙烯泡沫塑料	模塑聚苯乙烯泡沫塑料（EPS）	导热系数小；弹性多孔结构能吸收热湿应力，即使在罕见的气候条件下材料中出现水蒸气凝结并且结冰，自身结构也不会破坏；自重轻，且具有一定的抗压、抗拉强度；化学稳定性好，耐酸碱，具有很好的使用耐久性	广泛用于墙体保温、平面混凝土屋顶及钢结构屋顶的保温；也用于低温储藏地面、泊车平台、机场跑道、高速公路等领域的防潮保温
	挤塑聚苯乙烯泡沫塑料（XPS）	具有特有的微细闭孔蜂窝状结构，与 EPS 板相比，具有密度大、压缩性能高、导热系数小、吸水率低、水蒸气渗透系数小等特点，在长期高湿度或浸水环境下，XPS 板仍能保持其优良的保温性能	常用于外墙保温和屋面保温中，特别适用于倒置式屋面和空调风管

4.2.2 聚氨酯泡沫塑料

聚氨酯泡沫塑料是聚氨基甲酸酯树脂在加工成型时用化学或机械方法使其内部产生微孔制得的硬质、半硬质或软质泡沫塑料。聚氨酯泡沫塑料常用的有硬质聚氨酯泡沫塑料（如图 4-13 所示）和喷涂聚氨酯硬体保温材料（如图 4-14 所示）。

图 4-13 硬质聚氨酯泡沫塑料　　　　图 4-14 喷涂聚氨酯硬体保温材料

聚氨酯泡沫塑料的特性及应用见表 4-7。

类 别	名 称	特 性	应 用
聚氨酯泡沫塑料	硬质聚氨酯泡沫塑料	聚氨酯硬泡多为闭孔结构，具有绝热效果好、质量轻、比强度大、施工方便等优良特性，同时还具有隔声、防震、电绝缘、耐热、耐寒、耐溶剂等特点	常用于屋面保温、外墙保温和管道保温
	喷涂聚氨酯硬体保温材料	目前是导热系数最低的保温材料，且具有保温与防水功能的新型合成材料	主要用于建筑内、外墙保温中

4.2.3 无机硬质绝热材料

无机硬质绝热材料常用的有膨胀蛭石及其制品、膨胀珍珠岩绝热制品、蒸压加气混凝土砌块、泡沫玻璃绝热制品、泡沫混凝土砌块等。

蛭石是一种天然矿物，在 850～1000℃的温度下煅烧时，体积急剧膨胀，单个颗粒的体积能膨胀 8～20 倍，蛭石在热膨胀时很像水蛭（蚂蟥）蠕动，因此而得名。蛭石煅烧膨胀后为膨胀蛭石，如图 4-15 所示。

膨胀珍珠岩是由天然珍珠岩煅烧膨胀而得，呈蜂窝泡沫状的白色或灰白色颗粒，如图 4-16 所示。通常分为普通型和憎水型。其中憎水珍珠岩是一

图 4-15 膨胀蛭石

种新型保温材料，其导热系数低，普通在 0.045W/(m·K) 左右，最低在 0.041W/(m·K)。其外表具有一层封锁玻壳，使本身具有较高的抗压强度，不易毁坏，从而可大大降低运用过程中的破损率，使保温效果得到有效维护。同时降低了材料的吸水性，减少了配合比重的加水量，使材料整体干固时间明显缩短，有助于提高施工效率。

加气混凝土是以硅质材料（砂、粉煤灰及含硅尾矿等）和钙质材料（石灰、水泥）为主要原料，掺加发气剂（铝粉），通过配料、搅拌、浇注、预养、切割、蒸压、养护等工艺过程制成的轻质多孔硅酸盐制品。因其经发气后含有大量均匀而细小的气孔，故名加气混凝土，如图 4-17 所示。

图 4-16 膨胀珍珠岩   图 4-17 蒸压加气混凝土砌块

图 4-18　泡沫玻璃

泡沫玻璃是由碎玻璃、发泡剂（石灰石、碳化钙或焦炭）、改性添加剂和发泡促进剂等，经过细粉碎和均匀混合后，再经过高温熔化、发泡、退火而制成的无机非金属玻璃材料，如图 4-18 所示。

泡沫混凝土又名发泡混凝土，是将化学发泡剂或物理发泡剂发泡后加入到胶凝材料、掺合料、改性剂、卤水等制成的料浆中，经混合搅拌、浇注成型、自然养护所形成的一种含有大量封闭气孔的新型轻质保温材料，如图 4-19 所示。

图 4-19　泡沫混凝土

无机硬质绝热材料的特性及应用见表 4-8。

无机硬质绝热材料的特性及应用 表 4-8

类　别	名　称	特　性	应　用
膨胀蛭石及其制品	膨胀蛭石及其制品	膨胀蛭石堆积密度为 $100\sim300kg/m^3$，导热系数为 $0.046\sim0.070W/(m\cdot K)$，可在 $-30\sim900℃$ 下使用，不蛀、不腐，但吸水性较大	松散状的膨胀蛭石可铺设于墙壁、楼板和屋面等夹层中，作为隔热、隔声之用；也可与水泥、水玻璃等胶凝材料配合浇制成板，用于墙体、楼板和屋面等的隔热。使用时应注意防潮，以免吸水后影响隔热效果
膨胀珍珠岩绝热制品	普通型	绝热性好、吸声强、施工方便。是一种高效能的绝热材料	常用于屋面保温、外墙保温和管道保温
	憎水型	轻质高强、抗裂性强、产品极易施工，操作简单	适用于各种墙体、屋面、屋顶，金属构造、木构造房屋的保温绝热和防火
蒸压加气混凝土砌块	蒸压加气混凝土砌块	多孔、密度小、质量轻、保温、隔声、抗震性能好等	主要用于墙体保温中
泡沫玻璃绝热制品	泡沫玻璃绝热制品	不透水、不透气、防火、抗冻性高、易加工、可锯、钻、钉等	常用于屋面保温和外墙保温
泡沫混凝土砌块	泡沫混凝土砌块	多孔、密度小、质量轻、保温、隔声、抗震性能好等。但具有强度低、开口孔隙率偏高、易开裂、吸水等缺点	主要用于墙体保温中

4.2.4 纤维保温材料

纤维保温材料常用的有建筑绝热用玻璃棉制品（如图4-20所示）和建筑用岩棉（如图4-21所示）、矿渣棉绝热制品（如图4-22所示）。

图4-20 玻璃棉

图4-21 岩棉

图4-22 矿渣棉

纤维保温材料的特性及应用见表4-9。

纤维保温材料的特性及应用

表4-9

类别	名称	特 性	应 用
建筑绝热用玻璃棉制品	玻璃棉	密度低、导热系数小、耐酸、抗腐、不蛀、化学稳定性好、无毒无味、价廉、寿命长、施工方便，但对皮肤稍有刺激	常用于屋面保温、外墙保温和管道保温
建筑用岩棉、矿渣棉绝热制品	岩棉	质轻、耐久、不燃、不腐、不受虫蛀、耐高温等优点，是优良的隔热保温、吸声材料	常用于屋面保温、幕墙保温、管道保温和夹芯板
	矿渣棉		

4.2.5 绝热夹芯板

夹芯板就面板来说有两种，分为金属面板与非金属面板两种。金属面板易加工，可以做成各种形状，但有些场合的非金属面板有着金属面板所不及的作用，如耐腐蚀、耐撞击方面等。

金属面绝热夹芯板用钢板、彩钢或铝合金板夹保温材料制成，夹芯材质通常为金属聚氨酯夹芯板（PU夹芯板）、金属聚苯夹芯板（EPS夹芯板）、金属岩棉夹芯板（RW夹芯板）、三聚酯夹芯板（PIR 夹芯板）、酚醛夹芯板（PF 夹芯板）等，如图 4-23、图 4-24 所示。

图 4-23 岩棉彩钢夹芯板

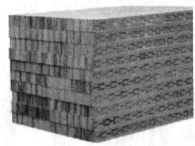
图 4-24 泡沫夹芯板

夹芯板广泛用于大型工业厂房、仓库、体育馆、超市、医院、冷库、活动房、建筑物加层、洁净车间以及需保温隔热防火的场所。

夹芯板外形美观，色泽艳丽，整体效果好，它集承重、保温、防火、防水于一体，且无需二次装修，安装快捷方便，施工周期短，综合效益好，是一种用途广泛、极具潜力的高效环保建材。

彩钢夹芯板是当前建筑材料中常见的一种产品，不仅能够很好的阻燃隔声而且环保高效。彩钢夹芯板由上下两层金属面板和中层高分子隔热内芯压制而成，具有安装简便、质量轻、环保高效的特点，而且填充系统使用的闭泡分子结构，可以杜绝水汽的凝结。

4.2.6 保温材料的进场验收

保温材料进场抽样检验见表 4-10。

保温材料的进场验收 表 4-10

名 称	组批及抽样	外观质量检验	物理性能检验
模塑聚苯乙烯泡沫塑料	同规格按 100m³ 为一批，不足 100m³ 的按一批计。 在每批产品中随机抽取 20 块进行规格尺寸和外观质量检验。从规格尺寸和外观质量检验合格的产品中，随机取样进行物理性能检验	色泽均匀，阻燃型应掺有颜色的颗粒；表面平整，无明显收缩变形和膨胀变形；熔结良好，无明显油渍和杂质	表面密度、压缩强度、导热系数、燃烧性能
挤塑聚苯乙烯泡沫塑料	同类型、同规格按 50m³ 为一批，不足 50m³ 的按一批计。 在每批产品中随机抽取 10 块进行规格尺寸和外观质量检验。从规格尺寸和外观质量检验合格的产品中，随机取样进行物理性能检验	表面平整，无夹杂物，颜色均匀；无明显起泡、裂口、变形	压缩强度、导热系数、燃烧性能
硬质聚氨酯泡沫塑料	同原料、同配方、同工艺条件按 50m³ 为一批，不足 50m³ 的按一批计。 在每批产品中随机抽取 10 块进行规格尺寸和外观质量检验。从规格尺寸和外观质量检验合格的产品中，随机取样进行物理性能检验	表面平整，无严重凹凸不平	表面密度、压缩强度、导热系数、燃烧性能

名　称	组批及抽样	外观质量检验	物理性能检验
泡沫玻璃绝热制品	同品种、同规格按 250 件为一批，不足 250 件的按一批计。 在每批产品中随机抽取 6 个包装箱，每箱各抽取 1 块进行规格尺寸和外观质量检验。从规格尺寸和外观质量检验合格的产品中，随机取样进行物理性能检验	垂直度、最大弯曲度、缺棱、缺角、孔洞、裂纹	表面密度、抗压强度、导热系数、燃烧性能
膨胀珍珠岩制品	同品种、同规格按 2000 块为一批，不足 2000 块的按一批计。 在每批产品中随机抽取 10 块进行规格尺寸和外观质量检验。从规格尺寸和外观质量检验合格的产品中，随机取样进行物理性能检验	弯曲度、缺棱、缺角、孔洞、裂纹	表面密度、抗压强度、导热系数、燃烧性能
加气混凝土砌块	同品种、同规格、同等级按 200m³ 为一批，不足 200m³ 的按一批计。	缺棱掉角，裂纹、爆裂，粘膜和损坏深度，表面酥松、层裂，表面油污	干密度、抗压强度、导热系数、燃烧性能
泡沫混凝土砌块	在每批产品中随机抽取 50 块进行规格尺寸和外观质量检验。从规格尺寸和外观质量检验合格的产品中，随机取样进行物理性能检验	缺棱掉角，裂纹、爆裂，粘膜和损坏深度，表面酥松、层裂，表面油污	干密度、抗压强度、导热系数、燃烧性能
玻璃棉、岩棉、矿渣棉制品	同原料、同工艺、同品种、同规格按 1000m² 为一批，不足 1000m² 的按一批计。 在每批产品中随机抽取 6 个包装箱或卷进行规格尺寸和外观质量检验。从规格尺寸和外观质量检验合格的产品中，抽取 1 个包装箱或卷进行物理性能检验	表面平整，伤痕、污迹，破损，覆层与基材粘贴	表观密度、抗压强度、导热系数、燃烧性能
金属面绝热夹芯板	同原料、同生产工艺、同厚度按 150 块为一批，不足 150 块的按一批计。 在每批产品中随机抽取 5 块进行规格尺寸和外观质量检验。从规格尺寸和外观质量检验合格的产品中，随机取样 3 块进行物理性能检验	表面平整，无明显凹凸、翘曲、变形，切口平直、切面整齐，无毛刺，芯板切面整齐、无剥落	剥离性能、抗弯承载力、防火性能

隔热板应该如何见证取样呢？

本节现行常用标准目录

1. 《绝热用模塑聚苯乙烯泡沫塑料》GB/T 10801.1—2002
2. 《绝热用挤塑聚苯乙烯泡沫塑料（XPS）》GB/T 10801.2—2002
3. 《模塑聚苯板薄抹灰外墙外保温系统材料》GB/T 29906—2013
4. 《外墙外保温系统材料质量检验标准》DB 64/T 265—2017
5. 《喷涂聚氨酯硬泡体保温材料》（JC/T 998—2006）
6. 《建筑外墙外保温用岩棉制品》GB/T 25975—2010
7. 《蒸压加气混凝土砌块》GB 11968—2006
8. 《泡沫混凝土砌块》JC/T 1062—2007
9. 《膨胀蛭石》JC/T 441—2009
10. 《膨胀珍珠岩绝热制品》GB/T 10303—2015
11. 《建筑用金属面绝热夹芯板》GB/T 23932—2009

习　题

一、单项选择题（每题的备选项中，只有 1 个最符合题意）

1. 对热流有显著阻抗性的材料或材料复合体称为（　　）材料。

A. 导热　　　　　　　　　　　　B. 阻热

C. 绝热　　　　　　　　　　　　D. 抗热

2. 下列是模塑聚苯乙烯泡沫塑料的是（　　）。

A. PU　　　　　　　　　　　　　B. PIR

C. XPS　　　　　　　　　　　　 D. EPS

3. 下面不属于挤塑聚苯乙烯泡沫塑料的特性的是（　　）。

A. 密度大

B. 压缩性能高

C. 吸水率低

D. 长期高湿度或浸水环境下，不能保持其优良的保温性能

4. 下面特别适合于倒置式屋面的保温材料的是（　　）。

A. 挤塑聚苯乙烯泡沫塑料　　　　B. 硬质聚氨酯泡沫塑料

C. 膨胀蛭石及其制品　　　　　　D. 蒸压加气混凝土砌块

5. 可在 -30～900℃ 下使用，不蛀、不腐，但吸水性较大的材料是（　　）。

A. 膨胀珍珠岩绝热制品　　　　　B. 膨胀蛭石及其制品

C. 泡沫玻璃绝热制品　　　　　　D. 挤塑聚苯乙烯泡沫塑料

6. 下列不属于蒸压加气混凝土砌块特性的是（　　）。

A. 多孔　　　　　　　　　　　　B. 密度大

C. 质量轻　　　　　　　　　　　D. 保温性能好

7. 金属面绝热夹芯板进行物理性能检验不包括（　　）。

A. 剥离性能　　　　　　　　　　B. 抗弯承载力

C. 防火性能　　　　　　　　　　D. 表观密度

8. 硬质聚氨酯泡沫塑料进场抽样检验，同原料、同配方、同工艺条件按( )m³ 为一批，不足的按一批计。

A. 50
B. 100
C. 250
D. 70

9. 金属聚氨酯夹芯板也可表示为( )。

A. PU 夹芯板
B. RW 夹芯板
C. PIR 夹芯板
D. PF 夹芯板

二、多项选择题（每题的备选项中，有 2 个或 2 个以上符合题意，至少有 1 个错项）

1. 下列关于绝热材料的说法，正确的有( )。

A. 对热流有显著阻抗性的材料或材料复合体称为绝热材料

B. 把用于控制室内热量外流的材料叫做保温材料

C. 把防止室外热量进入室内的材料叫做隔热材料

D. 绝热材料是保温材料和隔热材料的总称

E. 绝热材料一方面满足了建筑空间或热工设备的热环境，另一方面浪费了能源

2. 聚苯乙烯泡沫塑料常用的有绝热用( )。

A. 模塑聚苯乙烯泡沫塑料（EPS）
B. 挤塑聚苯乙烯泡沫塑料（XPS）
C. 蛭石
D. 膨胀珍珠岩
E. 加气混凝土

4.3 建筑防火材料的性能及应用

4.3.1 物体的阻燃和防火

燃烧是一种同时伴有放热和发光效应的剧烈的氧化反应。放热、发光、生成新物质是燃烧现象的三个特征。可燃物、助燃物和火源通常被称为燃烧三要素。这三个要素必须同时存在并且互相接触，燃烧才可能进行。也就是说，要使燃烧不能进行，只要将燃烧三要素中的任何一个因素隔绝开来即可。例如，用难燃或不燃的涂料将可燃物表面封闭起来，避免基材与空气的接触，可使可燃表面变成难燃或不燃的表面。物体的阻燃和防火即是这一理论的具体实施。

物体的阻燃是指可燃物体通过特殊方法处理后，物体本身具有防止、减缓或终止燃烧的性能。物体的防火则是采用某种方法，使可燃物体在受到火焰侵袭时不会快速升温而遭

到破坏。可见，阻燃的对象是物体本身，如塑料的阻燃，是使塑料本身由易燃转变为难燃材料；而防火的对象是其他被保护物体，如通过在钢材表面涂覆一层难燃涂层实现了钢材的防火，涂层本身最终还是会烧毁。由此可见阻燃和防火两者并不是一回事，但阻燃和防火的目的都是使燃烧终止，这就使它们有了一定的共性。阻燃通常是通过在物体中加入阻燃剂来实现的，防火则通常是采用在被保护物体表面涂覆难燃物质（如防火涂料）来实现的，而难燃物质中通常也加入阻燃剂或防火助剂。从这一角度看问题，阻燃和防火的原理是类似的。

4.3.2 建筑材料燃烧等级的划分

1. 装修材料的分类等级

装修材料按其燃烧性能划分为四级，并应符合表 4-11 的规定。

装修材料燃烧性能等级 表 4-11

等级	装修材料燃烧性能
A	不燃性
B_1	难燃性
B_2	可燃性
B_3	易燃性

装修材料的燃烧性能等级，应按《建筑内部装修设计防火规范》GB 50222—1995（2001 年修订版）附录 A 的规定，由专业检测机构检测确定。B_3 级装修材料可不进行检测。该规范还规定：（1）安装在钢龙骨上燃烧性能达到 B_1 级的纸面石膏板、矿棉吸声板，可作为 A 级装修材料使用。（2）当胶合板表面涂覆一级饰面型防火涂料时，可作为 B_1 级装修材料使用。当胶合板用于顶棚和墙面装修并且不内含电器、电线等物体时，宜仅在胶合板外表面涂覆防火涂料；当胶合板用于顶棚和墙面装修并且内含电器、电线等物体时，胶合板的内、外表面以及相应的木龙骨应涂覆防火涂料，或采用阻燃浸渍处理使其达到 B_1 级。（3）单位重量＜$300g/m^2$ 的纸质、布质壁纸，当直接粘贴在 A 级基材上时，可作为 B_1 级装修材料使用。（4）施涂于 A 级基材上的无机装饰涂料，可作为 A 级装修材料使用；施涂于 A 级基材上，湿涂覆比＜$1.5kg/m^2$ 的有机装饰涂料，可作为 B_1 级装修材料使用。涂料施涂于 B_1、B_2 级基材上时，应将涂料连同基材一起按本规范附录 A 的规定确定其燃烧性能等级。（5）当采用不同装修材料进行分层装修时，各层装修材料的燃烧性能等级均应符合本规范的规定。复合型装修材料应由专业检测机构进行整体测试并划分其燃烧性能等级。

2. 常用建筑内部装修材料燃烧性能等级划分

对于生活中常用的建筑内部装修材料的燃烧性能等级划分及其具体的材料举例详见表 4-12。

常用建筑内部装修材料燃烧性能等级划分举例 表 4-12

材料类别	级别	材料举例
各部位材料	A	花岗石、大理石、水磨石、水泥制品、混凝土制品、石膏板、石灰制品、黏土制品、玻璃、瓷砖、马赛克、钢铁、铝、铜合金等（纯无机）

材料类别	级别	材料举例
顶棚材料	B₁	纸面石膏板、纤维石膏板、水泥刨花板、矿棉装饰吸声板、玻璃棉装饰吸声板、珍珠岩装饰吸声板、难燃胶合板、难燃中密度纤维板、岩棉装饰板、难燃木材、铝箔复合材料、难燃酚醛胶合板、铝箔玻璃钢复合材料等（少有机）
墙面材料	B₁	纸面石膏板、纤维石膏板、水泥刨花板、矿棉板、玻璃棉板、珍珠岩板、难燃胶合板、难燃中密度纤维板、防火塑料装饰板、难燃双面刨花板、多彩涂料、难燃墙纸、难燃墙布、难燃仿花岗石装饰板、氯氧镁水泥装配式墙板、难燃玻璃钢平板、PVC塑料护墙板、轻质高强复合墙板、阻燃模压木质复合板材、彩色阻燃人造板、难燃玻璃钢等
	B₂	各类天然木材、木制人造板、竹材、纸制装饰板、装饰微薄木贴面板、印刷木纹人造板、塑料贴面装饰板、聚酯装饰板、复塑装饰板、塑纤板、胶合板、塑料壁纸、无纺贴墙布、墙布、复合壁纸、天然材料壁纸、人造革等（纯有机）
地面材料	B₁	硬PVC塑料地板、水泥刨花板、水泥木丝板、氯丁橡胶地板等
	B₂	半硬质PVC塑料地板、PVC卷材地板、木地板、氯纶地毯等
装饰织物	B₁	经阻燃处理的各类难燃织物等
	B₂	纯毛装饰布、纯麻装饰布、经阻燃处理的其他织物等
其他装饰材料	B₁	聚氯乙烯塑料、酚醛塑料、聚碳酸酯塑料、聚四氟乙烯塑料、三聚氰胺、脲醛塑料、硅树脂塑料装饰型材、经阻燃处理的各类织物等，另见顶棚材料和墙面材料中的有关材料
	B₂	经阻燃处理的聚乙烯、聚丙烯、聚氨酯、聚苯乙烯、玻璃钢、化纤织物、木制品等

单层、多层民用建筑内部各部位装修材料的燃烧性能等级详见表4-13。

单层、多层民用建筑内部各部位装修材料的燃烧性能等级 表4-13

建筑物及场所	建筑规模、性质	装修材料燃烧性能等级							
		顶棚	墙面	地面	隔断	固定家具	装饰织物		其他装饰材料
							窗帘	帷幕	
候机楼的候机大厅、商店、餐厅、贵宾候机室、售票厅等	建筑面积>10000m²的候机楼	A	A	B₁	B₁	B₁	B₁		B₁
	建筑面积≤10000m²的候机楼	A	B₁	B₁	B₁	B₂	B₂		B₂
汽车站、火车站、轮船客运站的候车（船）室、餐厅、商场等	建筑面积>10000m²的车站、码头	A	A	B₁	B1	B₂	B₂		B₂
	建筑面积≤10000m²的车站、码头	B₁	B₁	B	B₂	B₂	B₂		B₂
影院、会堂、礼堂、剧院、音乐室	>800座位	A	A	B₁	B₁	B₁	B₁	B₁	B₁
	≤800座位	A	B₁	B₁	B₁	B₂	B₁	B₁	B₂
体育馆	>3000座位	A	A	B₁	B₁	B₁	B₂	B₁	B₂
	≤3000座位	A	B₁	B₁	B₁	B₂	B₂	B₁	B₂

建筑物及场所	建筑规模、性质	装修材料燃烧性能等级							其他装饰材料
		顶棚	墙面	地面	隔断	固定家具	装饰织物		
							窗帘	帷幕	
商场营业厅	每层建筑面积>3000m² 或总建筑面积9000m²的营业厅	A	B₁	A	A	B₁	B₁		B₂
	每层建筑面积1000～3000m² 或总建筑面积为3000～9000m²的营业厅	A	B₁	B₁	B₁	B₂	B₁		
	每层建筑面积<1000m² 或总建筑面积<3000m²营业厅	B₁	B₁	B₁	B₂	B₂	B₂		B₂
饭店、旅馆的客房及公共活动用房等	设有中央空调系统的饭店、旅馆	A	B₁	B₁	B₂	B₂	B₂		B₂
	其他饭店、旅馆	B₁	B₁	B₂	B₂	B₂	B₂		
歌舞厅、餐馆等娱乐、餐饮建筑	营业面积>100m²	A	B₁	B₁	B₂	B₂	B₂		B₂
	营业面积≤100m²	B₁	B₁	B₁	B₂	B₂	B₂		B₂
幼儿园、托儿所、中、小学、医院病房楼、疗养院、养老院		A	B₁	B₂	B₂	B₂	B₁		B₂
纪念馆、展览馆、博物馆、图书馆、档案馆、资料馆等	国家级、省级	A	B₁	B₂	B₂	B₂	B₂		B₂
	省级以下	B₁	B₁	B₂	B₂	B₂	B₂		B₂
办公楼、综合楼	设有中央空调系统的办公楼、综合楼	A	B₁	B₁	B₂	B₂	B₂		B₂
	其他办公楼、综合楼	B₁	B₁	B₂	B₂	B₂			
住宅	高级住宅	B₁	B₁	B₁	B₂	B₂	B₂		B₂
	普通住宅	B₁	B₂	B₂	B₂	B₂			

高层民用建筑内部各部位装修材料的燃烧性能等级应按表 4-14 的规定。

高层民用建筑内部各部位装修材料的燃烧性能等级　　　　　　表 4-14

建筑物及场所	建筑规模、性质	装修材料燃烧性能等级									其他装饰材料
		顶棚	墙面	地面	隔断	固定家具	装饰织物				
							窗帘	帷幕	床罩	家具包布	
高级宾馆	>800 座位的观众厅、会议厅、顶层餐厅	A	B₁	B₁	B₁	B₁	B₁	B₁		B₁	B₁
	≤800 座位的观众厅、会议厅	A	B₁	B₁	B₂	B₁	B₁			B₂	B₁
	其他部位	A	B₁	B₁	B₂	B₂	B₂			B₁	B₁

建筑物及场所	建筑规模、性质	装修材料燃烧性能等级									
		顶棚	墙面	地面	隔断	固定家具	装饰织物				其他装饰材料
							窗帘	帷幕	床罩	家具包布	
商业楼、展览楼、综合楼、商住楼、医院病房楼	一类建筑	A	B_1	B_1	B_1	B_2	B_1	B_1		B_2	B_1
	二类建筑	B_1	B_1	B_2	B_2	B_2	B_2			B_2	B_2
电信楼、财贸金融楼、邮政楼、广播电视楼、电力调度楼、防灾指挥调度楼	一类建筑	A	A	B_1	B_1	B_1	B_1	B_1		B_2	B_1
	二类建筑	B_1	B_1	B_2	B_2	B_2	B_2			B_2	B_2
教学楼、办公楼、科研楼、档案楼、图书馆	一类建筑	A	B_1	B_1	B_1	B_1	B_1	B_1		B_1	B_1
	二类建筑	B_1	B_1	B_2	B_2	B_2	B_2			B_2	B_2
住宅、普通旅馆	一类普通旅馆、高级住宅	A	B_1	B_1	B_1	B_1	B_1		B_1		B_1
	二类普通旅馆、普通住宅	B_1	B_1	B_2	B_2	B_2	B_2		B_2	B_2	B_2

注：1. "顶层餐厅"包括设在高空的餐厅、观光厅等；

2. 建筑物的类别、规模、性质应符合国家现行标准《建筑设计防火规范》GB 50016—2014 的有关规定。

4.3.3 常用的防火材料

常用的防火材料有：防火涂料、水性防火阻燃液、防火堵料、防火玻璃、防火板材。

1. 防火涂料

防火涂料是指涂覆于物体表面上，能降低物体表面的可燃性，阻隔热量向物体的传播，从而防止物体快速升温，阻滞火势的蔓延，提高物体耐火极限的物质。

防火涂料主要由基料及防火助剂两部分组成。防火涂料除了具有普通涂料的装饰作用和对基材提供的物理保护作用外，还具有隔热、阻燃和耐火的功能，因此防火涂料是一种集装饰和防火为一体的特种涂料。

防火涂料在有机合成材料上的应用前景非常广阔。采取在物体表面涂覆防火涂料的办法来进行防火保护，不但能保持原来有机合成材料的优良性能，而且经济适用。此外，防火涂料在钢铁结构和水泥结构上的应用也正在扩大。因为普通钢材被加热至540℃左右即丧失了结构强度，混凝土结构在高温火焰作用下也容易开裂崩解，所以人们越来越重视如何对钢铁结构和混凝土结构进行防火保护，使它们在火灾发生时能延长发生变形破坏的时间，为灭火赢得时间，减少火灾损失的发生。

常用的防火涂料有溶剂型防火涂料（如图 4-25 所示）、水性防火涂料（如图 4-26 所示）、非膨胀型防火涂料（如图 4-27 所示）和膨胀型防火涂料（如图 4-28 所示）。

图 4-25　有溶剂型防火涂料　　　图 4-26　水性防火涂料

图 4-27　非膨胀型防火涂料　　　图 4-28　膨胀型防火涂料

常用防火涂料的特性及应用见表 4-15。

防火涂料的特性及应用 表 4-15

分类标准	材料名称	特　性	应　用
按所用的分散介质分类	溶剂型防火涂料	以有机溶剂为分散介质而得的建筑涂料。溶剂型建筑涂料存在着污染环境、浪费能源以及成本高等问题，具有易燃、易爆、污染环境等缺点，故其应用日益受到限制	适用于各种混凝土结构、室内钢梁屋架、钢铁制品、网架、管道、电缆、木结构等
	水性防火涂料	以水为分散介质，其基料为水溶性高分子树脂和聚合物乳液等。生产和使用过程中安全、无毒，不污染环境，是今后防火涂料发展的方向	广泛适用于各类建筑构筑物的钢铁构件。房屋的钢架、酒店、商店、大厦、机场、车站等建筑物、构筑物上都可大量使用
按涂层的燃烧特性和受热后状态变化分类	非膨胀型防火涂料	又称隔热涂料。这类涂料在遇火时涂层基本上不发生体积变化，而是形成一层釉状保护层，起到隔绝氧气的作用，从而避免、延缓或中止燃烧反应。这类涂料所生成的釉状保护层热导率往往较大，隔热效果差	用于木材、纤维板等板材质的防火，用在木结构屋架、顶棚、门窗等表面
	膨胀型防火涂料	在遇火时涂层迅速膨胀发泡，形成泡沫层，可有效延缓热量向被保护基材传递的速率	可用于保护电缆、聚乙烯管道和绝缘板的防火涂料或防火腻子。用于建筑物、电力、电缆的防火

2. 水性防火阻燃液

水性防火阻燃液又称水性防火剂、水性阻燃剂，2011 年公安部颁布的公共安全行业标准《水基型阻燃处理剂》GA 159—2011 中则将其正式命名为水基型阻燃处理剂，如图 4-29 所示。

图 4-29　水性防火阻燃液

经水性防火阻燃液处理后的材料一般具有难燃、离火自熄的特点。此外用防火阻燃液处理材料，不影响原有材料的外貌、色泽和手感，对木材、织物和纸板还兼具有防蛀、防腐的作用。常用的水性防火阻燃液有木材阻燃处理用水性防火阻燃液（如图 4-30 所示）、织物阻燃处理用水性防火阻燃液（如图 4-31 所示）、纸和纸板阻燃处理用的水性防火阻燃液（如图 4-32 所示）。

图 4-30　木材阻燃处理用水性防火阻燃液　　　图 4-31　织物阻燃处理用水性防火阻燃液

图 4-32　纸和纸板阻燃处理用的水性防火阻燃液

常用水性防火阻燃液的特性及应用见表 4-16。

材料名称	特　性	应　用
木材阻燃处理用水性防火阻燃液	经处理后使这些木竹制品由易燃性材料成为难燃性材料	可处理各种木材、纤维板、刨花板、竹制品等
织物阻燃处理用水性防火阻燃液	经处理后使织物由易燃性材料成为难燃性材料	处理各种纯棉织物、化纤织物、混纺织物及丝绸麻织物等，使之成为难燃性材料
纸和纸板阻燃处理用的水性防火阻燃液	经处理后使纸制品由易燃性材料成为难燃性材料	处理各种纸张、纸板、墙纸、纸面装饰顶棚、纸箱等易燃材料，可明显改变它们的燃烧性能，使其成为阻燃材料

3. 防火堵料

防火堵料是专门用于封堵建筑物中各种贯穿物，如电缆、风管、油管、气管等穿过墙壁、楼板等形成的各种开孔以及电缆桥架等，具有防火隔热功能且便于更换的材料。

根据防火封堵材料的组成、形状与性能特点可分为三类：以有机高分子材料为胶粘剂的有机防火堵料（如图 4-33 所示）、以快干水泥为胶凝材料的无机防火堵料（如图 4-34 所示）、将阻燃材料用织物包裹形成的防火包（如图 4-35 所示）。这三类防火堵料各有特点，在建筑物的防火封堵中均有应用。

 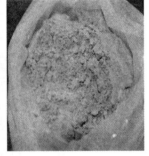 

图 4-33　有机防火堵料　　图 4-34　无机防火堵料　　　图 4-35　防火包

常用防火堵料的特性及应用见表 4-17。

防火堵料的特性及应用　　　　　　　　　　　表 4-17

材料名称	特　性	应　用
有机高分子材料为胶粘剂的有机防火堵料	以合成树脂为胶粘剂，并配以防火助剂、填料制成的。此类堵料在使用过程长期不硬化，可塑性好，容易封堵各种不规则形状的孔洞，能够重复使用	遇火时发泡膨胀，因此具有优异的防火、水密、气密性能。施工操作和更换较为方便，因此尤其适合需经常更换或增减电缆、管道的场合
快干水泥为胶凝材料的无机防火堵料	无机防火堵料具有无毒无味、固化快速、耐火极限与力学强度较高，能承受一定重量，又有一定可拆性的特点。有较好的防火和水密、气密性能	主要用于封堵后基本不变的场合
将阻燃材料用织物包裹形成的防火包（耐火包或阻火包）	采用特选的纤维织物做包袋，装填膨胀性的防火隔热材料制成的枕状物体，因此又称防火枕	适合需经常更换或增减电缆、管道的场合

在工程应用中有机防火堵料多用于电线和电缆中，如图 4-36 所示。

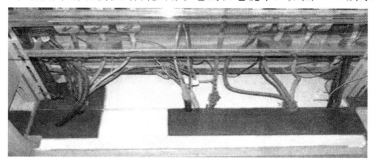

图 4-36　有机防火堵料的应用

无机防火堵料又称速固型防火堵料，它是以快干水泥为基料，添加防火剂、耐火材料等经研磨、混合而成的防火堵料，使用时加水拌合即可。具体应用如图 4-37 所示。

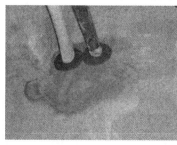

图 4-37　无机防火堵料及其应用

防火包在使用时通过垒砌、填塞等方法封堵孔洞，适用于较大孔洞的防火封堵或电缆桥架防火分隔，施工操作和更换较为方便。防火包的使用如图 4-38 所示。

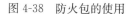

图 4-38　防火包的使用

4. 防火玻璃

目前，国内外生产的建筑用防火玻璃品种很多，归纳起来主要可分为两大类，即非隔热型防火玻璃和隔热型防火玻璃。非隔热型防火玻璃又称为耐火玻璃，这类防火玻璃均为单片结构的，可分为夹丝玻璃（如图 4-39 所示）、耐热玻璃（如图 4-40 所示）和微晶玻璃（如图 4-41 所示）三类。隔热型防火玻璃可分为多层粘合型（如图 4-42 所示）、灌浆型（如图 4-43 所示）防火玻璃。

图 4-39　夹丝玻璃

图 4-40　耐热玻璃

图 4-41　微晶玻璃

图 4-42　多层粘合型防火玻璃

图 4-43　灌浆型防火玻璃

防火玻璃的特性及应用见表 4-18。

材料名称		特　性	应　用
非隔热型防火玻璃	夹丝玻璃	夹丝玻璃别称防碎玻璃。它是将普通平板玻璃加热到红热软化状态时，再将预热处理过的铁丝或铁丝网压入玻璃中间而制成。它的特性是防火性优越，可遮挡火焰，高温燃烧时不炸裂，破碎时不会造成碎片伤人。另外还有防盗性能，玻璃割破还有铁丝网阻挡	主要用于屋顶天窗、阳台窗
	耐热玻璃	耐热玻璃是指能够承受冷热聚变温差变化的特种玻璃，具有低膨胀、抗热震、耐热、耐腐蚀、强度高等一系列优良性能	多用于器皿、工业锅炉视镜、机械设备视窗玻璃等
	微晶玻璃	称微晶玉石或陶瓷玻璃。是综合玻璃，是一种国外刚刚开发的新型的建筑材料，它的学名叫作玻璃水晶。微晶玻璃和我们常见的玻璃看起来大不相同。它具有玻璃和陶瓷的双重特性，普通玻璃内部的原子排列是没有规则的，这也是玻璃易碎的原因之一。而微晶玻璃像陶瓷一样，由晶体组成，也就是说，它的原子排列是有规律的。所以，微晶玻璃比陶瓷的亮度高，比玻璃韧性强	目前在国内的应用不是很广泛，但发展势头良好。采用了微晶玻璃装饰板材进行装饰。家庭装修也可以采用微晶玻璃装饰板来代替天然大理石和花岗石
隔热型防火玻璃	多层粘合型	多层粘合型防火玻璃是将多层普通平板玻璃用无机胶凝材料粘结复合在一起，在一定条件下烘干形成的。强度高，透明度好，遇火时无机胶凝材料发泡膨胀，起到阻火隔热的作用。缺点是生产工艺较复杂，生产效率较低。无机胶凝材料本身碱性较强，不耐水，对平板玻璃有较大的腐蚀作用	使用一定时间后会变色、起泡，透明度下降。这类防火玻璃在我国目前有较多使用
	灌浆型	灌浆型防火玻璃是由我国首创的。它是在两层或多层平板玻璃之间灌入有机防火浆料或无机防火浆料后，然后使防火浆料固化制成的。其特点是生产工艺简单、生产效率较高。产品的透明度高，防火、防水性能好，还有较好的隔声性能	用于建筑外窗或外墙时，隔热型防火玻璃可以与其他浮法玻璃、阳光控制玻璃、低辐射玻璃等进行组合，制成具有防火作用的多功能中空玻璃

5. 防火板材

防火板材品种很多，主要有纤维增强硅酸钙板、耐火纸面石膏板、纤维增强水泥平板（TK 板）、GRC 板、泰柏板、GY 板、滞燃型胶合板、难燃铝塑建筑装饰板、矿物棉防火吸声板、膨胀珍珠岩装饰吸音板等。防火板材广泛用于建筑物的顶棚、墙面、地面等多种部位。如图 4-44 所示。

4.3.4　防火材料的进场验收及复试

在工程上，现场的防火材料一般的检测项目有：粘结强度、抗压强度、膨胀倍数、耐水性等，不同类型的防火涂料检验项目不同。所检测项目为常规检测，主要针对粘结强度和相溶性（即与底漆是否发生化学反应），如做相溶性测试要自带现场底漆或面漆 1kg 试验样品，检测费用 1000 元以内，其他费用自理。经检测合格后，方可使用。

防火材料的检测项目见表 4-19。防火材料送样检验及规格见表 4-20。

图 4-44 防火板材

防火材料的检测项目　　　　　　　　　　　　　　　　　　表 4-19

物理性能	外观、透明度、颜色、附着力、年度、细度、灰分、pH 值、闪点、密度、体积、固体含量、粘结强度
施工性能	遮盖力、使用量、消耗量、干燥时间（表干、实干）、漆膜打磨性、流平性、流挂性、漆膜厚度（湿膜厚度、干膜厚度）
化学性能	耐水性、耐久性、耐酸碱性、耐腐蚀性、耐候性、耐热性、低温试验、耐化学药品性
防火性能	耐火时间、性能厚度、耐候极限、耐火极限
老化测试	盐雾老化、高低温循环、光老化、臭氧老化、人工加速老化等老化项目
有害物质	VOC、苯含量、甲苯、乙苯、二甲苯总量、游离甲醛含量、TDI 和 HDI 含量总和、乙二醇醚、重金属含量（铅、汞、铬、镉等）
组成成分	胶结料（硅酸盐水泥、氯氧化镁或无机高温粘结剂等）、骨料（膨胀蛭石、膨胀珍珠岩、硅酸铝纤维、矿棉、岩棉等）、化学助剂（改性剂、硬化剂、防水剂等）、水等

防火材料送样检验及规格　　　　　　　　　　　　　　　　表 4-20

产品类型	材料名称	检验样品规格及数量	具 体 检 验
钢结构用防火涂料	室内型、室外型、厚型钢结构防火涂料等	2kg	（1）厚涂型涂层：①涂层厚度应符合设计要求，若厚度不足设计要求时，允许达到设计要求的 85% 以上，且不足部分的连续面的长度不大于 1m，在 5m 范围内不再出现类似缺陷。此外涂层不应漏底、漏涂。②涂层与基层粘结牢固，不应有空鼓、脱皮、疏松等缺陷。③涂层应无乳突，有外观要求的部位，母线不直度和失圆度允许偏差不应大于 8mm。 （2）薄涂型涂层：①涂层厚度应符合设计要求。②涂层应无空鼓、无脱皮、无漏涂、无脱粉及明显裂缝等，若有个别裂缝，其宽度应小于 0.5mm。③颜色、外观符合设计要求
防火玻璃	夹丝玻璃、耐热玻璃等	采用尺寸为 300mm×300mm 的试样	（1）尺寸及厚度的测量。 （2）外观质量在良好的自然光及散射光照条件下，在距玻璃的正面 600mm 处进行目视检测。 （3）耐火性能：镶在构件上进行耐火试验。 （4）弯曲度玻璃垂直立放，用钢板尺的直线边紧贴试样，用塞尺测定玻璃与钢板尺之间的最大缝隙，此值与边长之比的百分率为该玻璃的弯曲度。 （5）光学性能采用等效的设备进行检验。 （6）耐热性能

产品类型	材料名称	检验样品规格及数量	具 体 检 验
防火堵料	有机防火堵料、无机防火堵料等	无机防火堵料200kg，有机防火堵料200kg，阻火包300kg	耐火性能：一级＜180min，二级＜180min，三级＜180min；外粉末不均匀，有结块干密度$5×10^3$kg/m³；耐水性＜3d，溶胀；耐油性＜3d，溶胀；腐蚀性＜7d，出现锈蚀、腐蚀现象；抗压强度＞0.8MPa或＜6.5MPa；初凝时间＞15min或＜45min
防火板材	护墙板、饰面板等	1000mm×190mm×18块厚度为原厚度或小于80mm	板材平整度，有无裂缝。一批货之间色差应在允许范围内，表面形式统一，不允许出现破裂浸水现象。长、宽：若无特别要求，允许±1.0mm。厚度：≤1.0mm板，允许±0.10mm；1.0～1.3mm板，允许±0.15mm

本节现行常用标准目录

1.《建筑设计防火规范》GB 50016—2014

2.《建筑内部装修设计防火规范》GB 50222—1995（2001年修订版）

3.《饰面型防火涂料》GB 12441—2005

4.《水基型阻燃处理剂》GA 159—2011

5.《防火封堵材料》GB 23864—2009

6.《建筑材料及制品燃烧性能分级》GB 8624—2012

7.《建筑材料不燃性试验方法》GB/T 5464—2010

8.《建筑材料可燃性试验方法》GB/T 8626—2007

习　题

一、单项选择题（每题的备选项中，只有1个最符合题意）

1.（　　）级装修材料可不进行检测。

A. 不燃性A级　　　　　　　　　　　B. 难燃性B_1级

C. 可燃性B_2级　　　　　　　　　　D. 易燃性B_3级

2.（　　）是指涂覆于物体表面上，能降低物体表面的可燃性，阻隔热量向物体的传播，从而防止物体快速升温，阻滞火势的蔓延，提高物体耐火极限的物质。

A. 防火板材　　　　　　　　　　　　B. 防火涂料

C. 防火堵料　　　　　　　　　　　　D. 防火玻璃

3. 下列哪种防火材料适合需经常更换或增减电缆、管道的场合（　　　　）。

A. 有机防火堵料　　　　　　　　　　B. 无机防火堵料

C. 防火包　　　　　　　　　　　　　D. 水性防火阻燃液

二、多项选择题（每题的备选项中，有2个或2个以上符合题意，至少有1个错项）

1. 装修材料按其燃烧性能应划分为（　　　）。

A. 不燃性 A 级

B. 难燃性 A_1 级

C. 难燃性 B_1 级

D. 可燃性 B_2 级

E. 易燃性 B_3 级

2. 下列材料中属于 B_1 级难燃顶棚材料的为（　　　）。

A. 难燃胶合板

B. 水泥制品

C. 水泥刨花板

D. PVC 卷材地板

E. 酚醛塑料

3. 下列材料中哪些属于隔热型防火玻璃（　　　）。

A. 夹丝玻璃

B. 耐热玻璃

C. 微晶玻璃

D. 多层粘合型

E. 灌浆型防火玻璃

参 考 文 献

［1］ 陆建民等. 建设工程质量检测见证取样一本通［M］. 北京：中国建筑工业出版社，2014.

［2］ 建筑与市政工程施工现场专业人员职业标准培训教材编审委员会. 材料员岗位知识与专业技能［M］. 北京：黄河水利出版社，2013.

［3］ 全国一级建造师执业资格考试用书编写委员会. 建筑工程管理与实务［M］. 北京：中国建筑工业出版社，2017.

［4］ 全国造价工程师执业资格考试培训教材编审委员会. 建设工程技术与计量（土木建筑工程）［M］. 北京：中国计划出版社，2017.

［5］ 赵华玮. 建筑材料应用与检测［M］. 北京：中国建筑工业出版社，2011.

［6］ 卢经扬等. 建筑材料与检测［M］. 北京：中国建筑工业出版社，2010.

［7］ 刘祥顺. 建筑材料［M］. 北京：中国建筑工业出版社，2015.

［8］ 魏鸿汉. 建筑材料［M］. 北京：中国建筑工业出版社，2012.